基于线性规划和通用发生函数的结构系统可靠性分析方法及应用

昌　毅　著

U0213853

武汉理工大学出版社
·武汉·

内 容 提 要

本书主要介绍系统可靠度计算的各种方法及其应用,重点介绍可靠度界限法及其在结构系统中的应用。主要内容包括结构系统可靠性简介,结构系统可靠性分析的基本概念,结构可靠度的一次二阶矩方法,结构系统可靠度边界,基于线性规划的可靠性分析,基于线性规划和通用发生函数的系统可靠性分析,扩展型松弛线性规划界限法。附录中给出了本书相关方法所涉及的关键子程序,以方便读者阅读本书和使用本书中的程序。

本书兼顾理论与实践,具有较强的实用性,可为建筑结构领域的学者、工程师在可靠性分析和计算方面提供参考,亦可在一定程度上对其他类型的工程系统的可靠性分析和计算提供参考。本书可供科技工作者、大专院校教师、研究生和高年级本科生使用,也可供工程技术人员参考使用。

图书在版编目(CIP)数据

基于线性规划和通用发生函数的结构系统可靠性分析方法及应用/昌毅著.—武汉:武汉理工大学出版社,2020.12
　ISBN 978-7-5629-6347-9

Ⅰ.①基…　Ⅱ.①昌…　Ⅲ.①结构可靠性-系统可靠性-研究　Ⅳ.①TB114.33

中国版本图书馆 CIP 数据核字(2020)第 244512 号

项目负责人:彭佳佳		责任编辑:彭佳佳	
责 任 校 对:余士龙		排版设计:正风图文	

出 版 发 行:武汉理工大学出版社
社　　　　址:武汉市洪山区珞狮路 122 号
邮　　　　编:430070
网　　　　址:http://www.wutp.com.cn
经　　　　销:各地新华书店
印　　　　刷:广东虎彩云印刷有限公司
开　　　　本:787×1092　1/16
印　　　　张:8
字　　　　数:210 千字
版　　　　次:2020 年 12 月第 1 版
印　　　　次:2020 年 12 月第 1 次印刷
定　　　　价:68.00 元

前　　言

工程结构系统的安全问题贯穿工程项目的整个生命周期,也是工程项目中最重要的问题。工程结构系统尤其是公共设施一般都耗费巨资建造,一旦失效将会给人民群众带来巨大的安全隐患,甚至带来不可估量的生命财产损失。

进入 21 世纪,我国经济突飞猛进,高速发展,工程建设项目也迎来了高速的发展期。随着物质文化生活水平的不断提高,人们也越来越关心工程建设项目的安全问题,因此,对于广大的工程师而言,如何在工程的安全性和经济性之间取得平衡,是亟待解决的一个重大难题。

工程结构系统中存在着大量的不确定性,如材料性能、统计数据、数学分析模型等方面。由于这些不确定性的影响,工程系统的性能也是不确定的。这些不确定性一般可处理为随机变量,因此结构构件的抗力是多元随机变量的函数,从而导致工程结构系统的失效也是随机性的。近几十年来,工程师们逐渐认识到工程结构系统失效概率分析的重要性,相关研究已成为工程系统中最重要的研究领域之一。

一般来说,一个系统由许多相互关联和相互依赖的构件组成。有时,一些构件的组合也可以被当成大型系统中的一个构件对待。在现实生活中存在着各种各样的系统,比如细胞、桥梁、星系。其中,像桥梁一样的工程结构系统,往往由于构件数量较为庞大,构件与构件之间的相互关系也十分复杂,使得对工程结构系统的安全分析显得尤为困难。

本书共分为 7 章,主要介绍系统可靠度计算的各种方法及其应用,重点介绍可靠度界限法及其在结构系统中的应用。

第 1 章是结构系统可靠性简介,为大家系统介绍了可靠性的发展史以及可靠性研究简介。

第 2 章主要介绍结构系统可靠性分析的基本概念。首先通过引入概率的基本概念,从而引出结构的极限状态以及结构的可靠概率和失效概率的概念,最后介绍了可靠度指标的含义和一些常用的可靠性分析方法。

第 3 章重点介绍了结构可靠度的一次二阶矩方法,尤其是中心点法和设计验算点法。

第 4 章在前面内容的基础上,引出了结构系统可靠度边界的概念,并分别从二态系统和多态系统两个不同的方面进行了介绍。

第 5 章基于线性规划的可靠性分析将线性规划法引入可靠度计算中,并通过引用"相互独立,完全穷尽"(MECE)事件,重点讲述了如何将可靠度的边界问题转化为线性规划中的极值问题。

第 6 章在第 5 章介绍的线性规划界限法的基础上,通过引入通用发生函数法,针对串联结构系统和并联结构系统,结合通用发生函数法和线性规划界限法的优点,重点介绍松弛线性规划界限法。并通过实例分析了松弛线性规划界限法的高精度、高效率的优势,论证了其作为一种可靠度计算方法的重要理论意义和广泛应用前景。

第 7 章进一步扩展了松弛线性规划界限法的适用性,将其推广到一般系统的可靠度计算分析,并通过工程实例验证了其有效性和可行性。

本书汇集了众多专家学者的研究成果,有的文献出处无法在参考文献里一一列出,作者在此表示感谢和敬意。

感谢我的家人在本书写作期间给予的理解和支持。

本书的出版获得了国家自然科学基金项目(51568001)、江西省教育厅科技计划项目(GJJ180373)、核技术应用教育部工程研究中心开发基金(东华理工大学)(HJSJYB2015—10)、江西省高校高水平学科"地质资源与地质工程"(东华理工大学)的资助,特此致谢。

由于作者水平有限,书中不足之处在所难免,恳请读者批评指正。

昌　毅

2020 年 4 月

目　　录

第1章 结构系统可靠性简介

1.1 可靠性发展史

最早的可靠性概念来源于航空。1939 年,美国国家航空咨询委员会出版的《适航性统计学注释》中,提出飞机由于各种失效造成的事故率不应超过 0.00001/h,相当于飞机在 1 小时飞行中的可靠度为 0.99999。现在所用的"可靠性"定义是在 1952 年美国的一次学术会议上提出来的。1943 年美国成立了"电子管技术委员会",并成立"电子管研究小组",开始了电子管的可靠性研究。这是有组织地研究电子管可靠性的开端。1949 年,美国无线电工程学会成立了可靠性技术组,这是全球第一个可靠性专业学术组织。

20 世纪 50 年代初,可靠性工程在美国兴起。当时,美国军用电子设备由于失效率很高而面临着严峻的局面:1949 年美国海军电子设备有 70% 失效,1 个正在使用的电子管要 9 个新的电子管作为随时替换的备件。为了扭转被动局面,1952 年 8 月 21 日,美国国防部下令成立由军方、工业办及学术界组成的"电子设备可靠性顾问组",即 AGREE。在给政府的报告中提出了包括:设计程序、试验、元件的可靠性、采购、运输、包装、储存、操作、维修等九项建议。这是美国产生有关可靠性军标的思想基础。AGREE 并于 1957 年 6 月 14 日提出了著名的《军用电子设备的可靠性》(即 AGREE 报告)。该报告极为广泛、系统、深入地提出了如何解决产品问题的一系列办法,成为以后美国此类技术文件的依据。可以认为 AGREE 报告的发表是可靠性工程成为一门独立学科的里程碑。此后美国制定了一系列有关可靠性的军标,确立了可靠性设计方法、试验方法及程序,并建立了有效数据收集及处理系统。

20 世纪 50 年代,苏联为了保证人造地球卫星发射与飞行的可靠性,也开始了可靠性的研究工作。同时,为了解决作战对导弹的可靠性要求,一些国家也先后开展了对可靠性的研究与应用。日本在 1956 年从美国引进了可靠性技术和经济管理技术后,于 1956 年成立了质量管理委员会。

20 世纪 60 年代是世界经济发展较快的年代。可靠性工程以美国先行,带动了其他工业国家,得到了全面、迅速的发展。其主要表现为继续制定、修订了一系列有关可靠性的军标、国标和国际标准,包括可靠性管理、试验、预计、设计、维修等内容;成立了可靠性研究中心;深入进行了可靠性基础理论、工程方法的研究;开发了加速寿命试验、快速筛选试验这两种更有效的试验方法;开发了按系统功能和参数预计可靠性的蒙特卡洛模拟法等新的可靠性预计技术;开拓了旨在研究失效机理的可靠性物理这门新学科;发展了故障模式、影响及危害性分析(FMECA)和故障树分析(FTA 两种有效的系统可靠性分析技术);开展了机械可靠性的研究;发展了维修性、人的可靠性和安全性的研究;建立了更有效的数据系统;开设了可靠性教育课程。

20世纪80年代以来,可靠性工程呈现出了以下全新发展趋势,主要表现在:

(1)从电子产品可靠性发展到机械和非电子产品的可靠性;

(2)从硬件可靠性发展到软件可靠性;

(3)从重视可靠性统计试验发展到强调可靠性工程试验,以通过环境应力筛选及可靠性强化实验来暴露产品故障,仅为提高产品可靠性;

(4)从可靠性工程技术发展为包括维修工程、测试性工程、综合保障工程技术在内的可信性工程;

(5)从军用装备的可信性工程技术扩展到民用产品的可信性工程技术。

20世纪80年代,软件可靠性理论研究停滞不前,没有质的飞跃。但软件可靠性的工程实践经验得到不断积累,不少软件可靠性技术在软件工程实践中得到应用。某些技术达到实用化程序,如软件可靠性建模技术、管理技术。可以说这一时期,软件可靠性从研究阶段逐渐迈向工程化阶段。

20世纪90年代初,中华人民共和国机械工业部提出了"以科技为先导,以质量为主线",沿着"管起来—控制好—上水平"的发展模式开展可靠性工作,兴起了我国第二次可靠性工作的高潮,取得了较好的成绩。20世纪90年代以后,由于软件可靠性问题的重要性更加突出和软件可靠性工程实践范畴的不断扩展,软件可靠性逐渐成为软件开发者需要考虑的重要因素,软件可靠性工程在软件工程领域逐渐取得相对独立的地位,并成为一个生机勃勃的分支。

我国的可靠性工作起始于20世纪50年代末期,起步并不晚。1979年颁发了第一个可靠性国家标准《电子元器件失效率试验方法》(GB 1772—1979)。20世纪80年代,我国的各种可靠性机构、学术团体像雨后春笋般迅速发展,在可靠性数学和可靠性理论上已达到一定水平,然而,可靠性技术在工业和企业中的应用还不广泛,我国的可靠性工程水平和国外还存在着一定的差距,还需要继续发展。

可靠性工程的诞生、发展是社会的需要,与科学技术的发展尤其是与电子技术的发展是分不开的。虽然可靠性工程起源于军事领域,但从它的推广应用和给企业与社会带来的巨大经济效益的事实中,人们更加认识到提高产品可靠性的重要性。世界各国也纷纷投入大量人力、物力进行研究,并在更广泛的领域里推广应用。

1.2　工程结构

建筑物和工程设施中承受、传递荷载而引起骨架作用的部分称为工程结构,简称结构。房屋建筑物中的梁、柱,公路建筑物中的桥梁,水工建筑物中的闸门和水坝,公路和铁路上的桥梁和隧洞等,都是工程结构的典型例子。

按照所采用的材料,工程结构的类型主要有混凝土结构、钢结构、砌体结构和木结构等。按照结构的受力体系,工程结构的类型主要有框架结构、剪力墙结构、筒体结构、塔式结构、桅式结构、悬索结构、壳体结构、网架结构、板柱结构、墙板结构、折板结构、充气结构、膜结构等。

各种工程结构必须满足下列功能要求:

(1) 正常施工和使用时,结构能承受可能出现的各种作用。

(2) 在正常使用时,结构具有良好的工作性能。

(3) 在正常使用时,结构具有足够的耐久性。

(4) 在设计规定的偶然事件发生时和发生后,结构能够保持必需的整体稳定性。

1.3　可靠性研究简介

可靠性理论产生于第二次世界大战时期,对其进行系统性的研究则起源于 20 世纪 50 年代。到了 20 世纪 60 年代,它已广泛应用于许多技术领域,并形成了一门理论的实践性学科——可靠性工程。目前,还发展出一种对系统出现故障的原因进行研究的学科——故障物理学。故障物理学认为,故障不是偶然出现的,是可以避免的。

可靠性理论是研究系统运行可靠性的普遍数量规律以及对其进行分析、评价、设计和控制的理论和方法。大型复杂系统运行是否可靠,可靠程度多大,是大系统设计中的一个很重要的问题,系统的组成部分越多,关系越复杂,系统运行的可靠性就越低。影响可靠性的因素是什么?可靠性自身的规律如何?选用怎样的指标评价系统的可靠性?如何提高系统的可靠性?这些都是可靠性理论研究的问题或内容。可靠性理论研究以概率论和数理统计为主要研究工具。

可靠性是一门新兴的边缘学科,从学术研究上分包括以下三个分支:

(1) 可靠性工程。包括可靠性试验、可靠性设计、评价、分配、维修、失效分析、预测(预计)、优化、软件可靠性、可靠性管理等。

(2) 可靠性物理。研究元器件及零件的失效原因,物理模型、改进措施。

(3) 可靠性数学。研究可靠性的理论及数量规律,各种指标的方法措施。

第2章　结构系统可靠性分析的基本概念

2.1　概率的基本概念

2.1.1　随机试验、样本空间和随机事件

在概率论中,具有以下三个特点的试验,被称为随机试验。

(1) 可以在相同的条件下重复进行;

(2) 每次试验的可能结果不止一个,并且能事先明确试验的所有可能结果;

(3) 进行一次试验之前不能确定哪一个结果会出现。

对于随机试验,尽管在每次试验之前不能预知试验的结果,但试验的所有可能结果组成的集合是已知的。随机试验 E 的所有可能结果组成的集合称为 E 的样本空间,记为 S。样本空间的元素,即 E 的每个结果,称为样本点。

一般来说,试验 E 的样本空间 S 的子集为 E 的随机事件,简称事件。在每次试验中,当且仅当这一子集中的一个样本出现时,称为这一事件发生。

由于事件是一个集合,因而事件间的关系与事件的运算可以按照集合论中集合之间的关系和集合运算来处理。

2.1.2　随机变量

有一些随机试验,它们的结果可以用数来表示,此时样本空间 S 的元素是一个数,如 S_1,S_2。但是,当样本空间 S 的元素不是一个数时,由于很难对 S 进行描述和研究,于是就引入了一个法则,将随机试验的每一个结果,即将 S 的每个元素 e 与实数 X 对应起来,从而产生了随机变量的概念。

设随机试验的样本空间为 $S=\{e\}$。$X=X(e)$ 是定义在样本空间 S 上的实值单值函数,称 $X=X(e)$ 为随机变量。

2.2　结构的极限状态

整个结构或结构的部分超过某一特定状态就不能满足设计指定的某一功能要求,如构件即将开裂、倾覆、滑移、屈曲、失稳等。能完成预定的各项功能时,结构所处的临界状态称为极限状态,是结构开始失效的状态。一旦超过该临界状态,则处于失效状态。一般而言,结构的极限状态分为两类:承载能力极限状态和正常使用极限状态。

（1）承载能力极限状态：指对应于结构或构件达到最大承载能力或不适于继续承载的变形，它包括结构构件或连接因强度超过而破坏，结构或其一部分作为刚体而失去平衡（如倾覆，滑移），在反复荷载下构件或连接发生疲劳破坏等。

（2）正常使用极限状态：结构或构件达到使用功能上允许的某一限值的极限状态，是指结构或构件满足结构安全性、适用性、耐久性三项功能中的某一功能要求的临界状态。超过这一界限，结构或构件就不能满足设计规定的该功能要求，而进入失效状态。

以上两种极限状态在结构设计中都应该分别考虑，以保证结构具有足够的安全性、耐久性和适用性。通常的做法是先用承载能力极限状态进行结构设计，再以正常使用极限状态进行校核。

结构的安全受很多因素的影响，因此，存在很多不确定性，包括固有的随机性、统计不定性、模型不定性，这使得对影响因素的确定也产生了相应的随机性。如结构所承受的荷载、材料尺寸及其特性的确定、建立计算模型、结构中的应力计算以及确定结构的实际抵抗能力等在分析的过程中都有一定的随机性。这些影响因素也可以称为随机变量，可表示为：$\boldsymbol{X} = (X_1, X_2, \cdots, X_n)$，其中，$X_1, X_2, \cdots, X_n$ 分别对应于某一种影响因素，如材料尺寸的确定，荷载的加载位置等。

结构建造时还应满足一定的功能要求，如居住、办公及各种文化活动的需求。为了满足这些功能的要求，在进行可靠性分析时，需建立描述结构功能的数学函数，该函数称为结构的功能函数。若上述的随机变量可构成结构的某一项功能，则功能函数可表示为 $g_X(X_1, X_2, \cdots, X_n)$。

当 $g_X(\boldsymbol{X}) > 0$ 表示结构处于安全状态；$g_X(\boldsymbol{X}) < 0$ 表示结构处于失效状态，$g_X(\boldsymbol{X}) = 0$ 表示结构处于临界状态，结构功能函数的示意见图 2.1。

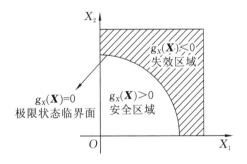

图 2.1　结构功能函数状态示意图

根据结构要求完成的特定功能为依据，可建立极限状态方程。假设满足结构某一功能的随机变量为 R 和 S，R 表示结构的极限承载力即结构抗力，S 表示结构所承受的实际荷载，则结构的极限状态方程如下所示：

$$Z = g_X(\boldsymbol{X}) = g(R, S) = R - S = 0 \qquad (2.1)$$

相应地，$Z > 0$ 表示结构处于安全状态，$Z = 0$ 表示结构处于临界状态，$Z < 0$ 表示结构处于失效状态，如果随机变量相互独立且连续，则极限状态示意如图 2.2 所示。

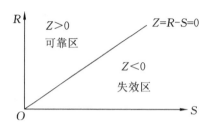

图 2.2 极限状态示意图

功能函数 $g_X(\boldsymbol{X})$ 的具体形态可通过力学分析的途径得到,并且,表示同一意义的功能函数,其形式也不是唯一的,如 $g_X(\boldsymbol{X})$ 可以用应力形式表达,也可以用内力的形式表达。

2.3 结构的可靠概率和失效概率

一般所说的"可靠性"指的是"可信赖的"或"可信任的"。产品、系统在规定的条件下、规定的时间内,完成规定功能的能力称为可靠性。结构设计的主要目的是要保证所建造的结构安全适用,能够在规定的期限内满足各种预期的功能要求,并且要经济合理。故安全性、适用性和耐久性概括称为结构的可靠性。结构的可靠度是工程结构完成预定功能的概率。由于影响可靠性的各种因素存在着不确定性,如荷载、材料性能等的差异、质量差异等,并且这些影响因素是随机的,所以工程结构完成预定功能的能力只能用概率来度量。结构能够完成预定功能的概率,称为可靠概率;结构不能完成结构在规定时间内和规定条件下的预定功能的概率称为失效概率。

结构的失效概率用 P_f 表示;反之,可靠概率用 P_s 表示。由于结构的可靠和失效是两个不相容事件,所以失效和可靠为互斥事件。它们的和事件是必然事件,也就是全概率事件,即两者之和为1,如式(2.2)所示。

$$P_f + P_s = 1 \tag{2.2}$$

在可靠度计算中,设随机变量 $\boldsymbol{X} = (X_1, X_2, \cdots, X_n)$ 的联合概率密度函数为 $f_X(x_1, x_2, \cdots, x_n)$,则结构的失效概率为:

$$P_f = \iint\limits_{g_X(\boldsymbol{X}) \leqslant 0} \cdots \int f_X(x_1, x_2, \cdots, x_n) \mathrm{d}x_1 \mathrm{d}x_2 \cdots \mathrm{d}x_n \tag{2.3}$$

结构的可靠概率为:

$$P_s = 1 - P_f = 1 - \iint\limits_{g_x(\boldsymbol{X}) \leqslant 0} \cdots \int f_X(x_1, x_2, \cdots, x_n) \mathrm{d}x_1 \mathrm{d}x_2 \cdots \mathrm{d}x_n \tag{2.4}$$

根据结构要求完成的特定功能为依据,可建立极限状态方程,且假设满足结构某一功能的随机变量为 R 和 S,R 表示结构的极限承载力即结构抗力,其概率密度函数为 $f_R(r)$,S 表示结构所承受的实际荷载,其概率密度函数为 $f_S(s)$,随机变量相互独立且连续,相应地，$Z > 0$ 表示结构处于安全状态，$Z = 0$ 结构处于临界状态，$Z < 0$ 结构处于失效状态。

根据式(2.1)得到结构失效概率为：

$$P_f = P(g(R,S) < 0) = \iint\limits_{Z<0} f_R(r) f_S(s) \mathrm{d}r \mathrm{d}s \tag{2.5}$$

2.4　结构的可靠度指标

结构的可靠度是结构可靠性的概率度量。其更准确、更科学的定义是：结构在规定的时间内，在规定的条件下，完成预定功能的概率。上述"规定的时间"，一般指结构设计基准期，目前世界上大多数国家的结构设计基准期为 50 年。由于荷载效应一般随设计基准期增长而增长，而影响结构抗力的材料性能指标则随设计基准期的增大而减小，因此结构可靠度与"规定的时间"有关，"规定的时间"越长，结构的可靠度越低。

通过式(2.3)和式(2.5)可知，结构失效概率表达式是一个多重积分，当随机变量的数目较多时，积分的维数与随机变量的个数相同，直接进行计算是非常困难的。为了避免计算失效概率采用直接积分的方法，在满足精度要求的情况下，可将失效概率计算公式进行转化，用可靠度指标 β 来描述。

假设式(2.5)中 R 和 S 均服从正态分布，则极限状态方程 Z 的分布形式基本也已确定，这是由于 Z 的分布形式取决于随机变量 R、S 以及功能函数的形式，公式中 Z 是 R 和 S 的线性函数，所以 Z 也服从正态分布，其平均值和标准差分别为 μ_z 和 σ_z，对应于 Z 的概率密度函数为：

$$f_Z(z) = \frac{1}{\sqrt{2\pi}\sigma_z} \exp\left[-\frac{(z-\mu_z)^2}{2\sigma_z^2}\right] \tag{2.6}$$

则结构的失效概率为：

$$P_f = \int_{-\infty}^{0} f_Z(z)\mathrm{d}z = \int_{-\infty}^{0} \frac{1}{\sqrt{2\pi}\sigma_z} \exp\left[-\frac{(z-\mu_z)^2}{2\sigma_z^2}\right]\mathrm{d}z \tag{2.7}$$

尽管用失效概率 P_f 来度量结构的可靠性有明确的物理意义，能较好地反映问题的实质，但结构功能函数包含多种因素影响，而且每一种因素不一定完全服从正态分布，需要对它们进行适当正态化处理。因此，将式(2.7)作相应的变换，令 $z = \mu_z + \sigma_z t$，则 $\mathrm{d}z = \sigma_z \mathrm{d}t$，得到如下结果：

$$P_f = \int_{-\infty}^{-\frac{\mu_z}{\sigma_z}} \frac{1}{\sqrt{2\pi}} \exp\left(-\frac{t^2}{2}\right)\mathrm{d}t = \varphi\left(-\frac{\mu_z}{\sigma_z}\right) = \varphi(-\beta) \tag{2.8}$$

$$\beta = \frac{\mu_z}{\sigma_z} \tag{2.9a}$$

$$\mu_z = \mu_R - \mu_S \tag{2.9b}$$

$$\sigma_z = \sqrt{\sigma_R^2 + \sigma_S^2} \tag{2.9c}$$

式中，β 为可靠度指标，作为结构可靠度分析的一种衡量标准；μ_R、σ_R 分别为结构抗力 R 正态分布随机变量平均值与标准差;μ_S、σ_S 分别为作用荷载 S 正态分布随机变量平均值与标准差。

可靠度指标 β 与失效概率 P_f 在数量上有一一对应关系(图 2.3),β 越大,P_f 越小;反之,β 越小 P_f 越大。用 β 来度量结构的可靠性,可使问题简化。

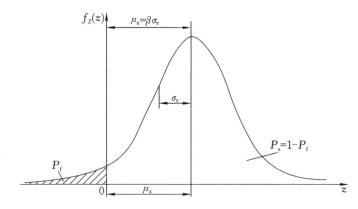

图 2.3 失效概率与可靠度指标的关系

《建筑结构可靠性设计统一标准》(GB 50068—2018)根据建筑结构的破坏后果,即危及人的生命、造成经济损失、产生社会影响等的严重程度,将结构安全等级分为三级:

① 破坏后果很严重的重要建筑物,安全等级为一级;

② 破坏后果严重的一般工业与民用建筑,安全等级为二级;

③ 破坏后果不严重的次要建筑,安全等级为三级,并且规定各类结构构件按承载力极限状态设计时采用的可靠度指标 β 值(表 2.1)。

表 2.1 规定的可靠度指标 β 值

破坏类型	安全等级		
	一级	二级	三级
塑性破坏	3.7	3.2	2.7
脆性破坏	4.2	3.7	3.2

通常来说,一个结构系统整体是由许多单个构件组成的,结构系统的状态取决于每个构件的状态。结构系统的失效概率同样也是由单个构件的失效概率来决定的,计算失效概率时将每个构件的基本信息作为随机变量,由此来计算概率密度函数、建立结构功能函数,得到失效概率结果,但由式(2.3)和式(2.5)可知,最终得到的失效概率计算公式是一个多重积分,并且积分区域也不规则,特别是当构件之间存在相关性时,想要计算出积分的准确值是非常困难的,于是可靠度界限的思想就被提出来。当求解式(2.5)的积分方案耗费高昂的代价或计算困难时,采用边界的思想求得有用的近似值来代替该积分的确切值也是很好的选择,因此有效地计算可靠性边界具有重要意义。

2.5　可靠度分析方法简介

由式(2.3)可知可靠度计算的复杂性和积分中难以解决的数学问题,由此出现了多种多样的结构体系的可靠度的研究方法,其计算方法主要有:传统的确定性方法和基于概率论分析的方法。采用概率论分析的方法又包括一次二阶矩、中心点法、验算点法(JC)法、响应面法、蒙特卡洛(Monte Carlo)法等。可靠度界限法有:线性规划界限法(LP)、松弛线性规划界限法(RLP)。

（1）传统的确定性方法

在可靠度传统计算方法中,将作用于结构系统上的荷载视为基本设计变量或设计变量的函数,与此同时也考虑了在某种程度上计算模型、设计变量和载荷的不确定性引起的误差,将这些不确定的因素转化为一个安全系数加以处理,因此,结构设计极限准则表达式改写为 $R > nS$,其中,R 表示结构承载力,S 表示荷载,n 表示安全系。这种设计方法,将各种变量都作为定值,忽视了在设计过程中各变量的不确定性,而实际的工程设计变量均为随机变量,计算结果不具有代表性,因此,基于概率方法进行可靠性分析被引入。

（2）一次二阶矩

一次二阶矩方法是将式(2.3)中的积分简化,在忽略高次矩影响的情况下,概率密度函数被简化,把每个随机变量都用其均值和方差表示,也就是将随机变量假设为正态分布,同时功能函数也被简化,功能函数展开式是一次泰勒级数,只考虑功能函数展开式的常数项和第一项,减少大量可忽略的项数,计算出可靠度指标(β),用可靠度指标来计算失效概率。一次二阶矩法的实质是将非线性功能函数做了线性化处理,根据式(2.9)计算出可靠度指标,所以计算方法简单方便,其计算结果也能满足工程需求,因此能够适用于各种工程计算中。

（3）中心点法

中心点法是在一次二阶矩方法基础上的延伸。一次二阶矩方法中每个独立的随机变量其平均值和方差是已知的,如果更深一步去计算每个随机变量的概率密度函数,要达到其精确值仍比较困难,但若随机变量的均值和方差是未知的,则又无法求出功能函数均值和方差的准确结果。为此,功能函数展开式中展开点的选择是至关重要的,为了方便起见,一般将随机变量的平均值(中心点)作为功能函数的展开点,然后求出功能函数的均值和方差,进而求出结构可靠性指标得出失效概率,这也是中心点法的基本原理。

虽然中心点法解决了功能函数中展开点的选择,但也有以下几个明显的缺点:

① 功能函数在平均值处的展开不一定合理;

② 如果力学意义相同,但数学表达式不同的结构功能函数,用中心点法计算的结果也可能不同;

③ 随机变量没有考虑除正态分布以外的概率分布。

（4）验算点法（JC 法）

验算点法是在中心点法的基础上进行改进，由于数学表达式的不同引起的中心点法计算结果不同，使早期可靠度研究者对中心点法的合理性产生了怀疑。随后，1974 年 Hasofer-Lind 对可靠度更科学、系统地进行了定义，引入了验算点概念。其基本原理是：将不同类型分布的基本随机变量转化到标准正态空间内，用结构在设计验算点处的切平面代替极限状态曲面，重新将 β 定义为在正交化空间中从原点到失效面上的最短距离。该方法将线性功能函数线性化点取在失效边界上，并且选在了与最大失效概率对应的设计验算点处。

JC 法与其他方法相比，具有一定优势：可以考虑随机变量的分布概率类型对结构可靠度的影响；在符合一般工程精度要求的前提下，计算较简单，计算量不大，且可以同时得到设计验算点的值，便于工程设计；整个计算过程有较强的逻辑性，适合编制程序实现计算机的程序计算，从而提高了失效概率的计算精度，并保证了对同一个结构问题 β 计算值的唯一性。然而，验算点法也有一定缺陷，在切平面近似极限状态平面中，假定初始验算点的值是通过迭代求解，如果验算点的初始值选取不当，迭代可能不收敛，从而无法得出可靠度指标值。由此可以看出 JC 法本身有明显的不足，即结构可靠度分析结果的精确与否取决于验算点的近似程度，计算迭代的收敛性质取决于功能函数的非线性程度和设计验算点的初始值。

（5）响应面法

响应面法是一种比较灵活的可靠度计算方法，其实质是曲线（面）拟合。它可以用来进行实验设计和分析，也可以用于数值计算。响应面简化可以降低工程可靠度分析的工作量（如减少待定系数）。它的原理是通过拟合一个响应面来代替未知的很难得到的真实曲面，在此曲面的基础上进行失效概率的计算。事实上将真实的功能函数拟合成响应面函数并不容易，但响应面方法在验算点附近拟合功能函数可以很好地完成，并且可以对响应面函数的曲线进行简化而结果并不受影响。响应面方法最终的目的是找到能够用数学函数表示的输入变量与输出参数之间的关系，进而求出验算点和可靠度指标。因此，响应面法的核心内容就是输入变量试验点的选取以及如何根据输入变量与输出参数之间的关系确定响应面函数。响应面法主要应用于正常使用极限状态下的可靠度分析。

（6）蒙特卡洛法

蒙特卡洛法的原理是用统计学中的抽样法解决概率问题的一种数学方法，用该方法分析问题时首先要产生大量的随机数，然后根据随机变量的概率分布进行随机抽样。蒙特卡洛法模拟的结果是一个随机变量，对于结构可靠度来说，失效概率并不是一个完全准确的具体值，存在一定的不确定性。为此，研究者用估计值的方差来反映不确定性的大小，其精度随方差而改变，方差越小，精度越高，方差为 0 时，得到的是一个精确的结果。一般将降低失效概率估计值的方差作为提高精度的主要方法，由于该方法有较高的精度，常被用来与各种可靠度计算近似解作对比，作为校核的标准。而其又具有简单易操作的特点，广泛应用于可靠度的不同计算方法中。然而，达到高精度的同时，对应也会有一定的劣势出现,那就是要进行大量的随机抽样,这样会导致计算量非常大,需要借助计算机来完成。

（7）线性规划界限法（LP）

当精确的失效概率值不容易得到或一些可靠性度量难以衡量时,有效地计算可靠性边界具有重要意义,求出系统失效概率的边界值作为有用的近似值也是值得采用的方法。线性规划法可用于计算关于构件概率的任何级别的信息或任何系统的失效概率边界。其本质是解决线性函数的最值问题,它的自变量（随机变量）受到等式和不等式的约束。设计变量、目标函数、约束条件是组成线性规划的三要素,该方法第一次被使用是在 J. B. Fourier 的工作中,以用来解决难以精确计算的数学问题,后来,Nafday 和 Corotis 用该方法来计算可靠度问题,他们使用 LP 来判断结构中最关键的失效问题,并非用于计算系统失效概率,Junho Song 和 Armen Der Kiureghianr 提出了用线性规划思想计算失效概率。

第3章 结构可靠度的一次二阶矩方法

结构的可靠度指标比较直观而且便于实际应用。它是在功能函数服从正态分布的条件下定义的,在此条件下它与失效概率有精确的对应关系。对于任意分布的基本随机变量且任意形式的功能函数,功能函数服从正态分布的条件通常不能满足,此时无法直接计算结构的可靠度指标,需要研究可靠度指标的近似计算方法。

3.1 中 心 点 法

将非线性功能函数展开成泰勒(Taylor)级数并取至一次项,且按照可靠度指标的定义形成求解方程,就产生了求解可靠度的一次二阶矩法。结构可靠度一次二阶矩方法(First-order Reliability Method,简称 FORM),是目前计算结构可靠度最常用的方法之一。它是在功能函数服从正态分布的条件下定义下的。该法只用到了基本变量的均值和方差,是计算可靠度的最简单、最常用的方法,其他计算方法大都以此为基础。

该法的可靠度指标比较直观而且便于实际应用。国际标准《结构可靠性总原则》(ISO 2394)以及我国第一层次和第二层次的结构可靠度设计统一标准,如《工程结构可靠性设计统一标准》(GB 50153—2008)和《建筑结构可靠度设计统一标准》(GB 50068—2018)等,也都推荐采用一次二阶矩方法。一次二阶矩方法分中心点法和设计验算点法。

假设结构的功能函数具有以下一般形式

$$Z = g_X(\boldsymbol{X}) \tag{3.1}$$

并且,基本随机向量 $\boldsymbol{X} = (X_1, X_2, \cdots, X_n)^T$ 的各个分量之间相互独立,其均值为 $\boldsymbol{\mu_X} = (\mu_{X_1}, \mu_{X_2}, \cdots, \mu_{X_n})^T$,标准差为 $\boldsymbol{\sigma_X} = (\sigma_{X_1}, \sigma_{X_2}, \cdots, \sigma_{X_n})^T$。

将功能函数 Z 在均值点(或称中心点)$\boldsymbol{X}$ 处展开成 Taylor 级数并保留至一次项,即

$$Z \approx Z_L = g_X(\boldsymbol{\mu_X}) + \sum_{i=1}^{n} \frac{\partial g_X(\boldsymbol{\mu_X})}{\partial X_i}(X_i - \mu_{x_i}) \tag{3.2}$$

则功能函数 Z 的均值和方差可分别表示为

$$\mu_Z \approx \mu_{Z_L} = g_X(\boldsymbol{\mu_X}) \tag{3.3}$$

$$\sigma_Z^2 \approx \sigma_{Z_L}^2 = \sum_{i=1}^{n} \left[\frac{\partial g_X(\boldsymbol{\mu_X})}{\partial X_i} \right]^2 \sigma_{X_i^2} \tag{3.4}$$

将式(3.3)和式(3.4)带入结构的可靠度指标 β 的计算公式 $\beta = \dfrac{\mu_Z}{\sigma_Z}$,经计算得到结构的可靠度指标 β 近似为

$$\beta_{c} = \frac{\mu_{Z_{L}}}{\sigma_{Z_{L}}} = \frac{g_{X}(\boldsymbol{\mu_X})}{\sqrt{\sum_{i=1}^{n} \left[\frac{\partial g_{X}(\boldsymbol{\mu_X})}{\partial X_i} \right]^2 \sigma_{x_i}^2}} \qquad (3.5)$$

以上计算非线性功能函数 Z 的近似均值 $\mu_{Z_{L}}$ 和近似标准差 $\sigma_{Z_{L}}$ 所用的 Taylor 级数方法也被称为 δ 方法,工程师通常称式(3.4)为误差传播公式。这种方法将功能函数 Z 在随机变量 $\boldsymbol{X}$ 的均值点展成 Taylor 级数并取一次项,利用 $\boldsymbol{X}$ 的一次矩(均值)和二次矩(方差)计算 Z 的可靠度,所以称为均值一次二阶矩法或中心点法。当已知 $\boldsymbol{X}$ 的均值和方差时,可用此法方便地估计结构可靠度指标的近似值 β_{c}。但此法对于相同意义但不同形式的极限状态方程,可能会给出不同的可靠度指标 β_{c}。这是因为中心点 $\boldsymbol{\mu_X}$ 不在极限状态面上,在 $\boldsymbol{\mu_X}$ 处作 Taylor 展开后的超曲面($Z_{L}=0$ 是超平面)可能会明显偏离原极限状态面。

中心点法最大的优点是计算简便,所得到的用以度量结构可靠程度的可靠度指标 β 具有明确的物理概念与几何意义。运用中心点法进行结构可靠度计算时,不必知道基本变量的真实概率分布,只需知道其统计参数 —— 均值、标准差或变异系数,即可按式(3.5)计算可靠度指标值以及失效概率 P_{f}。然而中心点法尚存在如下问题:

① 该方法并没有考虑有关基本变量分布类型的信息,而只是建立在正态分布变量的基础上,当实际的变量分布不同于正态分布时,其可靠度的计算结果必然不同,因此,会对可靠度的计算结果带来不可避免的误差。当 $P_{f} < 10^{-5}$ 时,使用中心点法必须正确估计基本变量的概率分布和联合分布类型,此时其计算结果误差较大。

② 当功能函数为非线性函数时,因该方法在中心点处取线性近似,由此得到的可靠度指标也是近似的,其近似程度取决于线性近似的极限状态曲面与真正的极限状态曲面之间的差异程度。由于随机变量的平均值不在极限状态曲面上,进行线性化处理展开后的线性极限状态平面,可能会较大程度地偏离原来的可靠度指标曲面,所以误差较大,且这个误差是无法避免的。

3.2 设计验算点法

为了克服中心点法的不足,哈索弗尔和林德(N. C. Lind)、拉克维茨(R. Rackwitz)、菲斯莱(Fiessler)等人提出验算点法,从根本上解决了中心点法存在的问题,故又称为改进一次二阶矩法。设计验算点法将功能函数的线性化 Taylor 展开点选在失效面上,同时又能考虑基本随机变量的实际分布。

本节首先通过最基本的独立正态分布随机变量,解释验算点的概念及原理,然后对于非正态分布的随机变量的情况将分别介绍 JC 法、映射变换法。

设结构的极限状态方程为

$$Z = g_{X}(\boldsymbol{X}) = 0 \qquad (3.6)$$

再设 $\boldsymbol{x}^{*} = (x_1^{*}, x_2^{*}, \cdots, x_n^{*})^{\mathrm{T}}$ 为极限状态面上的一点,即

$$g_{X}(\boldsymbol{x}^{*}) = 0 \qquad (3.7)$$

在点 $\boldsymbol{x}^*$ 处将式(3.6) 按 Taylor 级数展开并取一次项,有

$$Z_L = g_X(\boldsymbol{x}^*) + \sum_{i=1}^{n} \frac{\partial g_X(\boldsymbol{x}^*)}{\partial X_i}(X_i - x_i^*) \tag{3.8}$$

在随机变量 $\boldsymbol{X}$ 的空间,方程 $Z_L = 0$ 为过点 $\boldsymbol{x}^*$ 处的极限状态面的切平面。利用相互独立正态分布随机变量线性组合的性质,Z_L 的均值和标准差分别为

$$\mu_{Z_L} = g_X(\boldsymbol{x}^*) + \sum_{i=1}^{n} \frac{\partial g_X(\boldsymbol{x}^*)}{\partial X_i}(\mu_{X_i} - x_i^*) \tag{3.9}$$

$$\sigma_{Z_L} = \sqrt{\sum_{i=1}^{n} \left[\frac{\partial g_X(\boldsymbol{x}^*)}{\partial X_i}\right]^2 \sigma_{X_i}^2} \tag{3.10}$$

将式(3.9) 和式(3.10) 代入 $\beta = \dfrac{\mu_Z}{\sigma_Z}$,可得结构的可靠度指标

$$\beta = \frac{\mu_{Z_L}}{\sigma_{Z_L}} = \frac{g_X(\boldsymbol{x}^*) + \sum\limits_{i=1}^{n} \dfrac{\partial g_X(\boldsymbol{x}^*)}{\partial X_i}(\mu_{X_i} - x_i^*)}{\sqrt{\sum\limits_{i=1}^{n} \left[\dfrac{\partial g_X(\boldsymbol{x}^*)}{\partial X_i}\right]^2 \sigma_{X_i}^2}} \tag{3.11}$$

将式(3.8) 对应的极限状态方程 $Z_L = 0$ 用 X_i 的标准化变量 $Y_i = (X_i - \mu_{x_i})/\sigma_{X_i}$ 改写,并将式(3.10) 代入,整理后得

$$\frac{g_X(\boldsymbol{x}^*) + \sum\limits_{i=1}^{n} \dfrac{\partial g_X(\boldsymbol{x}^*)}{\partial X_i}(\mu_{X_i} - x_i^*)}{\sqrt{\sum\limits_{i=1}^{n} \left[\dfrac{\partial g_X(\boldsymbol{x}^*)}{\partial X_i}\right]^2 \sigma_{X_i}^2}} - \frac{\sum\limits_{i=1}^{n} \dfrac{\partial g_X(\boldsymbol{x}^*)}{\partial X_i}\sigma_{X_i} Y_i}{\sqrt{\sum\limits_{i=1}^{n} \left[\dfrac{\partial g_X(\boldsymbol{x}^*)}{\partial X_i}\right]^2 \sigma_{X_i}^2}} = 0 \tag{3.12}$$

比较式(3.11) 和式(3.12),式(3.12) 又可以写成

$$-\beta - \frac{\sum\limits_{i=1}^{n} \dfrac{\partial g_X(\boldsymbol{x}^*)}{\partial X_i}\sigma_{X_i}}{\sqrt{\sum\limits_{i=1}^{n} \left[\dfrac{\partial g_X(\boldsymbol{x}^*)}{\partial X_i}\right]^2 \sigma_{X_i}^2}} Y_i = 0 \tag{3.13}$$

定义 X_i 变量的灵敏度系数如下:

$$\propto_{X_i} = \cos\theta_{X_i} = \cos\theta_{Y_i} = -\frac{\dfrac{\partial g_X(\boldsymbol{x}^*)}{\partial X_i}\sigma_{X_i}}{\sqrt{\sum\limits_{i=1}^{n} \left[\dfrac{\partial g_X(\boldsymbol{x}^*)}{\partial X_i}\right]^2 \sigma_{X_i}^2}} \tag{3.14}$$

式(3.13) 可写成

$$\sum_{i=1}^{n} \cos\theta_{Y_i} Y_i - \beta = 0 \tag{3.15}$$

式(3.15) 可代表在标准正态随机变量 Y 空间的法线式超平面方程,法线就是极限状态面上的点到标准化空间中原点 O 的连线,其方向余弦为 $\cos\theta_{Y_i}$,长度为 β。因此,可靠度指标 β 就是标准化正态分布空间中坐标原点到极限状态面的最短距离,与此对应的极限

状态面上的点就称为设计验算点,简称为验算点或设计点。

设计验算点在标准化正态分布变量 $\boldsymbol{Y}$ 空间中的坐标为

$$y_i^* = \beta\cos\theta_{Y_i}, \quad i = 1, 2, \cdots, n \tag{3.16}$$

在原始 $\boldsymbol{X}$ 空间中的坐标为

$$x_i^* = \mu_{X_i} + \beta\sigma_{X_i}\cos\theta_{X_i}, \quad i = 1, 2, \cdots, n \tag{3.17}$$

将式(3.7)、式(3.11)、式(3.14)和式(3.17)联立可求解 β 和 $\boldsymbol{x}^*$。用迭代求解的方法可以避免求解方程(3.7)[此时方程(3.7)不一定成立,式(3.11)中的 $g_X(\boldsymbol{x}^*)$ 须予以保留],通用性较强,其迭代步骤如下:

① 假定初始验算点 $\boldsymbol{x}^*$,一般可设 $\boldsymbol{x}^* = \boldsymbol{\mu}_X$;

② 计算 $\cos\theta_{X_i}$,利用式(3.14);

③ 计算 β,利用式(3.11);

④ 计算新的 $\boldsymbol{x}^*$,利用式(3.17);

⑤ 以新的 $\boldsymbol{x}^*$ 重复步骤 ② ~ ④,直至前后两次 $\|\boldsymbol{x}^*\|$ 之差小于允许误差 ε。

这些迭代计算步骤是一次二阶矩方法所必需的,其他很多方法都包含这些基本步骤,都是对这些基本迭代方法所做的改进。

利用可靠度的几何意义,可将可靠度指标的求解归结为以下最优化问题:

$$\min \beta = \|\boldsymbol{y}\| = \sqrt{\boldsymbol{y}^{\mathrm{T}}\boldsymbol{y}} = \sqrt{\sum_{i=1}^{n}\left(\frac{X_i - \mu_{X_i}}{\sigma_{X_i}}\right)^2} \tag{3.18}$$

$$\text{s.t.} \quad g_X(\boldsymbol{x}) = g_X(x_1, x_2, \cdots, x_n) = 0$$

由此可建立迭代计算公式,其好处是不必计算梯度 $\nabla g_X(\boldsymbol{X})$,对于迭代求解不收敛问题也比较奏效。

3.2.1 JC 法

当基本变量 $\boldsymbol{X}$ 并不都是正态分布的随机变量时,运用验算点法须事先设法处理这些非正态随机变量。这种方法被国际安全联合委员会(JCSS)推荐采用,因此,亦称 JC 法,它的特点是:

① 能考虑随机变量的实际分布类型,并通过"当量正态化"途径,把非正态变量当量化为正态变量;

② 线性化点不是选在平均值处,而是选在失效边界上,并且该线性化点(设计验算点)是与结构最大可能失效概率相对应的。

设 $\boldsymbol{X}$ 中的 X_i 为非正态分布随机变量,其均值为 μ_{X_i},标准差为 σ_{X_i},概率密度函数为 $f_{X_i}(x_i)$,累积分布函数为 $F_{X_i}(x_i)$;与 X_i 相应的当量正态化变量为 X_i',其均值为 $\mu_{X_i'}$,标准差为 $\sigma_{X_i'}$,概率密度函数为 $f_{X_i'}(x_i')$,累积分布函数为 $F_{X_i'}(x_i')$。JC 法的当量正态化条件要求在验算点 x_i^* 处 X_i' 和 X_i 的累积分布函数和概率密度函数分别对应相等,即

$$F_{X_i'}(x_i^*) = \phi\left(\frac{x_i - \mu_{X_i'}}{\sigma_{X_i'}}\right) = F_{X_i}(x_i^*) \tag{3.19}$$

$$f_{X_i'}(x_i^*) = \frac{1}{\sigma_{X_i'}}\left(\frac{x_i - \mu_{X_i'}}{\sigma_{X_i'}}\right) = f_{X_i}(x_i^*) \tag{3.20}$$

根据当量正态化条件,可得到当量正态化变量的均值和标准差。对式(3.19)求反函数,得

$$\mu_{X_i'} = x_i^* - \phi^{-1}[F_{X_i}(x_i^*)]\sigma_{X_i'} \tag{3.21}$$

由式(3.20)解得

$$\sigma_{X_i'} = \frac{\varphi\{\phi^{-1}[F_{X_i}(x_i^*)]\}}{f_{X_i}(x_i^*)} \tag{3.22}$$

JC 法作为对中心点法的改进,主要有两个特点:

① 当功能函数 Z 为非线性时,不以通过中心点的超切平面作为线性近似,而以通过 $Z = 0$ 上的某一点 $\boldsymbol{x}^* = (x_1^*, x_2^*, \cdots, x_n^*)$ 超切平面作为线性近似,以避免中心点方法中的误差。

② 当基本变量 x_i 具有分布类型的信息时,将 x_i 的分布在 $(x_1^*, x_2^*, \cdots, x_n^*)$ 处以与正态分布等价的条件,变换为当量正态分布,这样可使所得的可靠度指标与失效概率之间有一个明确的对应关系,从而在 β 中合理地反映了分布类型的影响。

3.2.2 映射变换法

映射变换法(或称全分布变换法)的原理就是利用累积分布函数数值相等的映射,将非正态分布随机变量变换为正态分布随机变量。

为表达和叙述方便,假设结构的基本变量 $\boldsymbol{X} = (X_1, X_2, \cdots, X_n)^{\mathrm{T}}$ 中的各个分量均为独立非正态分布变量,$X_i(i = 1, 2, \cdots, n)$ 的概率密度函数为 $f_{X_i}(x_i)$,累积分布函数为 $F_{X_i}(x_i)$。结构的功能函数为式(3.1)。

对每个变量 $X_i(i = 1, 2, \cdots, n)$,作下列变换以将任意随机变量 $\boldsymbol{X}$ 映射成标准正态随机分布变量 $\boldsymbol{Y}$:

$$F_{X_i}(x_i) = \phi(Y_i) \tag{3.23}$$

即

$$X_i = F_{X_i}^{-1}[\phi(Y_i)] \tag{3.24}$$

$$Y_i = \phi^{-1}[F_{X_i}(x_i)] \tag{3.25}$$

将式(3.24)代入式(3.1),得到由 $\boldsymbol{Y}$ 表达的功能函数为

$$Z = g_x(\boldsymbol{X}) = g_x\{F_{X_1}^{-1}[\phi(Y_1)], F_{X_2}^{-1}[\phi(Y_2)], \cdots, F_{X_n}^{-1}[\phi(Y_n)]\} = g_y(Y) \tag{3.26}$$

由式(3.26)出发,就可用前述关于独立正态分布随机变量的验算点法求解结构的可靠度问题。注意到 $\boldsymbol{Y}$ 是标准正态向量,每一个元素 $Y_i \sim N(0,1)$,式(3.11)、式(3.14)和式(3.17)分别成为

$$\beta = \frac{g_x(\boldsymbol{x}^*) - \sum_{i=1}^n \frac{\partial g_Y(\boldsymbol{y}^*)}{\partial Y_i} y_i^*}{\sqrt{\sum_{i=1}^n \left[\frac{\partial g_Y(\boldsymbol{y}^*)}{\partial Y_i}\right]^2}} \tag{3.27}$$

$$\cos \theta_{Y_i} = -\frac{\dfrac{\partial g_Y(\boldsymbol{y}^*)}{\partial Y_i}}{\sqrt{\displaystyle\sum_{i=1}^{n}\left[\dfrac{\partial g_Y(\boldsymbol{y}^*)}{\partial Y_i}\right]^2}}, \quad i = 1, 2, \cdots, n \tag{3.28}$$

$$\boldsymbol{y}^* = \beta \cos \theta_{Y_i}, \quad i = 1, 2, \cdots, n \tag{3.29}$$

其中

$$\frac{\partial g_Y(\boldsymbol{y}^*)}{\partial Y_i} = \frac{\partial g_X(\boldsymbol{x}^*)}{\partial X_i} \frac{\partial X_i}{\partial Y_i}\bigg|_{\boldsymbol{y}^*} \tag{3.30}$$

对于常用分布,如正态分布、对数分布、极值 Ⅰ 型分布和 Weibull 分布等,由式(3.24)可以导得计算 $\boldsymbol{x}^*$ 和 $\left(\dfrac{\partial X_i}{\partial Y_i}\right)_{\boldsymbol{y}^*}$ 的具体表达式,在一般的可靠度分析书籍中都可以查到。下面给出计算的一般表达式。

对式(3.23)两边进行微分,得

$$f_{X_i}(X_i)\mathrm{d}X_i = \varphi(Y_i)\mathrm{d}Y_i \tag{3.31}$$

由式(3.31)可知,映射变换式(3.23)保持变换前后概率相等,概率微元也相等,因此是一种等概率变换。

由式(3.31)得到

$$\frac{\mathrm{d}X_i}{\mathrm{d}Y_t}\bigg|_{\boldsymbol{y}^*} = \frac{\partial X_i}{\partial Y_i}\bigg|_{\boldsymbol{y}^*} = \frac{\varphi(y_i^*)}{f_{X_i}(x_i^*)} \tag{3.32}$$

式(3.32)中已注意到变换式(3.23)是一一对应的,X_i 的变换只会得 Y_i,偏导数其实就是导数。此式避免了计算导数的麻烦,应用时更为方便。

第4章 结构系统可靠度边界

4.1 二态系统可靠度

4.1.1 二态构件及其状态

近几十年来,系统的可靠性在系统分析、设计和规划中,尤其是在工程系统中显示出其重要性,并且国内外许多学者在系统可靠性分析方面都取得了不错的成果。为了更好地获得系统的可靠性分析知识,本章将从构件状态的基本概念开始,为读者提供一个基本而全面的介绍。

在工程实际中,各种机械与结构得到广泛应用。组成机械与结构的零件,在工程力学中统称为构件。在工程中,通常假定一个部件可以是两种可能中的一种状态,即安全状态(功能)或失效状态(故障),故构件状态的向量可以表示为

$$\boldsymbol{E} = (F, \overline{F}) \tag{4.1}$$

其中,F 表示构件的失效状态,$\overline{F}$ 则代表其安全状态。

以上这种仅仅具有安全状态(功能)或失效状态(故障)两种状态的构件,也被称为二态构件。

4.1.2 二态系统可靠性状态

系统由单元(子系统、构件)组成,系统与单元之间的关系可以分为两类:一类是物理关系,另一类是功能关系。系统的可靠性不仅仅取决于子系统的可靠度,还与它们的相互结合方式有关。常用的系统可靠性分析方法是:根据系统的组成原理和功能绘出可靠性逻辑图,建立系统可靠性数学模型,把系统的可靠性特征量表示为各子系统可靠性特征量的函数,然后通过已知的子系统可靠性特征量计算出系统可靠性特征量。

由二态构件组成的系统也被称为二态系统。如果直接从构件的层面对系统可靠性进行分析,则二态系统和二态系统中的每个构件的状态,同样也只能处于安全状态(功能)或失效状态(故障)两种可能的状态之一。

构件状态的向量可以表示为

$$\boldsymbol{E}_i = (F_i, \overline{F_i}), \quad i = 1, 2, \cdots, n \tag{4.2}$$

其中,F_i 表示构件 i 的失效状态(故障),$\overline{F_i}$ 表示其安全状态(功能)。

如前文所述,系统是由构件组成,同样系统的状态可由组成系统的构件的状态表示

$$E_{\text{system}} = f(\boldsymbol{E}_1, \boldsymbol{E}_2, \cdots, \boldsymbol{E}_n) \tag{4.3}$$

其中，$f(\cdot)$ 是由组成系统的各个构件的构件状态组成的函数。

串联系统是组成系统的所有单元中任一单元失效就会导致整个系统失效的系统。在工程结构系统中，如果串联系统中的任何一个构件发生失效破坏，整个工程结构系统就会发生失效破坏。这就好比是一个链，整个链的安全与否由链条中"最薄弱环节"决定，也被称为"最薄弱环节"系统。一个简单的工程结构串联系统示例如图 4.1 所示。在此工程结构系统上，荷载用 S 表示。系统中任何构件的失效，例如构件 R_1 发生失效，都会导致整个系统的失效。因此，$f(\cdot)$ 函数在串联系统中的公式可表示为

$$F_{\text{series system}} = F_1 \bigcup F_2 \bigcup F_3 \bigcup \cdots \bigcup F_n = \bigcup_i F_i \tag{4.4}$$

并联系统是指组成系统的所有单元都失效时才失效的系统。在工程结构系统中，只有当并联系统中的每一个构件都发生失效破坏，整个工程结构系统才会发生失效破坏。一个简单的工程结构并联系统示例如图 4.2 所示。同样，在此工程结构系统上，荷载用 S 表示。系统中所有构件的失效，例如构件 R_1、R_2 和 R_3 全部发生失效，才会导致整个系统的失效。因此，$f(\cdot)$ 函数在并联系统中的公式可表示为

$$F_{\text{parallel system}} = F_1 \bigcap F_2 \bigcap F_3 \bigcap \cdots \bigcap F_n = \bigcap_i F_i \tag{4.5}$$

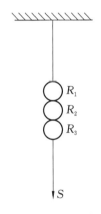

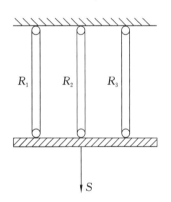

图 4.1　简单工程结构串联系统示例图　　**图 4.2　简单工程结构并联系统示例图**

一般来说，一个一般系统是由串联子系统和并联子系统组成的系统。因此，函数 $f(\cdot)$ 同时包含并集和交集运算。一个一般系统有两种基本形式，即由一系列并行子系统表示的子系统和由一系列串联子系统并行表示的子系统。由一系列并联系统所组成的系统的失效也可以用"最弱环节"来表示，即

$$F_{\text{system}} = \bigcup_k \bigcap_{i \in C_k} F_i \tag{4.6}$$

其中，C_k 代表第 k 个"最弱环节"的组合。

由并联的串联子系统构成的系统的失效可以用"连接集"的形式来表示

$$F_{\text{system}} = \bigcap_l \bigcup_{i \in L_l} F_i \tag{4.7}$$

其中，L_l 代表构成系统失效的"连接集"。

系统的失效状态 F_{system} 的补集，也就是系统的安全状态 $\overline{F_{\text{system}}}$，则由系统中各个构件的失效状态（$F_i, i \in L_l$）的补集，也就是安全状态（$\overline{F_i}, i \in L_l$）组成。同理，利用德摩根法

则,可以得到类似于式(4.7)的形式

$$\overline{F_{\text{system}}} = \bigcap_l \bigcup_{i \in L_l} \overline{F_i} \tag{4.8}$$

4.1.3 二态系统可靠度边界

如前面所述,有的时候,特别是当系统中构件的个数很多,且构件之间存在相关性时,系统的失效概率计算将会变成一项极其困难的任务。通常,需要计算所有构件状态的组合的概率,这将使得系统的失效概率的计算变得尤为复杂。例如,当计算一个二态构件组成的串联系统的失效概率时,式(4.4)可表示为

$$P(F_{\text{series system}}) = P(F_1) + P(F_2) - P(F_1 \bigcap F_2) + P(F_3) - P(F_1 \bigcap F_3)$$
$$- P(F_2 \bigcap F_3) + P(F_1 \bigcap F_2 \bigcap F_3) + \cdots$$
$$= \sum_i P(F_i) - \sum_{i<j} P(F_i \bigcap F_j) + \sum_{i<j<k} P(F_i \bigcap F_j \bigcap F_k) - \cdots \tag{4.9}$$

同理,式(4.6)和式(4.7)也可以获得类似的表达式。

正是由于系统失效概率的计算比较困难,所以有的时候不如求出系统失效概率的上下界。许多研究人员对利用单个构件失效概率 $P_i = P(F_i)$,以及一部分构件的联合失效概率,如 $P_{ij} = P(F_i) \bigcap P(F_j)$,$P_{ijk} = P(F_i) \bigcap P(F_j) \bigcap P(F_k)(i < j < k)$,来确定系统失效概率的界限很感兴趣。通过基于单个构件的失效概率,Boole 提出了一种计算串联系统失效概率的计算公式

$$\max P_i \leqslant P\left(\bigcup_{i=1}^n F_i\right) \leqslant \min\left(1, \sum_{i=1}^n P_i\right) \tag{4.10}$$

式(4.10)的边界也被称为 Boole 边界。在仅仅已知单个构件的失效概率的情况下,Boole 边界所提供的边界是最窄的可能边界,也就是说,Boole 边界是在这种情况下的最优解。

然而,不幸的是,Boole 边界由于其边界范围过广,在工程实际中,往往并不具有实用价值。Kounias、Hunter 和 Ditlevsen 在利用单个构件失效概率和两个构件的联合失效概率的基础上,提出了一种计算串联系统失效概率的计算公式

$$P_1 + \sum_{i=2}^n \max\left(0, P_i - \sum_{j=1}^{i-1} P_{ij}\right) \leqslant P\left(\bigcup_{i=1}^n F_i\right) \leqslant P_1 + \sum_{i=2}^n \left(P_1 - \max_{j<i} P_{ij}\right) \tag{4.11}$$

式(4.11)所提供的边界,也被称为 KHD 边界。在式(4.11)中,根据构件状态的排列组合,存在着 $n!$ 种的排列次序,其边界的精度由构件状态的排列次序决定。并且,边界中下界最大化的顺序可能与边界中上界最小的顺序不同。由于无法确定 $n!$ 种不同的排列次序中,哪一种排列次序才是最优的排序,所以,为了获得最窄的可能边界,不得不计算所有 $n!$ 种不同的排列次序。因此,通过式(4.11)计算最窄的可能 KHD 边界几乎是不可能完成的事情。

基于 KHD 边界的概念,在利用三个构件的联合失效概率、四个构件的联合失效概率等多个构件的联合失效概率的基础上,Hohenbichler、Rackwitz 和 Zhang 提出了一种新的计算串联系统失效概率的计算公式

$$P(\bigcup_{i=1}^{n} F_i) \leqslant P_1 + P_2 - P_{12} + \sum_{i=3}^{n} [P_i - \max_{k\in(2,3,\cdots,i-1),j<k} (P_{ij} + P_{ik} + P_{ijk})] \quad (4.12)$$

$$P(\bigcup_{i=1}^{n} F_i) \geqslant P_1 + P_2 - P_{12} + \sum_{i=3}^{n} \max\left(0, P_i - \sum_{j=i}^{i-1} P_{ij} + \max_{k\in(1,2,\cdots,i-1)} \sum_{j=1,j\neq k}^{i-1} P_{ijk}\right) \quad (4.13)$$

上述公式所计算的边界也被称为 Zhang 边界。与 KHD 边界的情况类似，Zhang 边界的精度也由构件状态的排列次序决定。并且，边界中下界最大化的顺序可能与边界中上界最小的顺序不同。由于无法确定不同的排列次序中，哪一种排列次序才是最优的排序，所以，为了获得最窄的可能边界，Zhang 边界也不得不计算所有不同的排列次序。因此，通过式(4.12)和式(4.13)计算最窄的可能 Zhang 边界也是一件非常困难的事情。

对于并联系统而言，同样通过基于单个构件的失效概率，Boole 提出了一种计算并联系统失效概率的计算公式

$$\max(0, \sum_{i=1}^{n} P_i - (n-1)) \leqslant P(\bigcap_{i=1}^{n} F_i) \leqslant \min P_i \quad (4.14)$$

同样与串联系统的情况类似，式(4.14)所提供的计算边界由于其边界范围过广，在工程实际中，往往并不具有实用价值。并且，对于并联系统而言，在利用单个构件的失效概率和多个构件的联合失效概率的基础上，并没有理论最优解的存在。然而，并联系统的补集可以通过利用 De Morgan 规则转换成串联系统，然后用串联系统的失效概率计算公式式(4.11)、式(4.12)和式(4.13)求解，进而求得并联系统的失效概率。

一般而言，对于由串联系统和并联系统构成的一般系统，并不存在理论上的通用边界计算公式。但是，我们可以通过将一般系统分解为一系列的串联子系统和并联子系统，分别利用失效概率计算公式式(4.11)、式(4.12)、式(4.13)和式(4.14)求解，进而获得一个更为宽广的失效概率边界。然而，在工程实际中，由于这些边界范围过于宽广，往往也不具有实用价值。

4.2　多态系统可靠度

4.2.1　多态构件及其状态

通过前面的内容，我们知道当一个构件仅仅具有安全状态（功能）或失效状态（故障）两种状态时，该构件可以被称为二态构件。然而，在工程系统中，一个构件在其服役的规定的时间内，往往并不是处于简单的安全状态（功能）、失效状态（故障）两种状态，而是有可能处于安全状态（功能）、失效状态（故障）这两种状态之间的多种不同状态之中。我们把这种多于两种状态的构件称为多态构件，其构件状态的向量可以表示为

$$\boldsymbol{E} = (E_1, E_2, \cdots, E_l), \quad j = 1, 2, \cdots, l \quad (4.15)$$

其中 l 表示构件状态的数量。例如，当构件处于第 j 种状态时，可用符号 E_j 表示。

4.2.2　多态系统可靠性分析

由多态构件组成的系统也称为多态系统。与二态系统不同,多态系统的系统状态在其服役的规定的时间内,也并不是处于简单的安全状态(功能)、失效状态(故障)两种状态,而是有可能处于安全状态(功能)与失效状态(故障)这两种状态之间的多种不同状态之中。

与二态系统可靠性分析类似,多态系统的可靠性不仅仅取决于子系统的可靠度,还与它们的相互结合方式有关。常用的多态系统可靠性分析方法也与二态系统可靠性分析方法类似,即根据多态系统的组成原理和功能绘出可靠性逻辑图,建立多态系统可靠性数学模型,把多态系统的可靠性特征量表示为各子系统可靠性特征量的函数,然后通过已知的子系统可靠性特征量计算出多态系统可靠性特征量。

多态构件状态的向量可以表示为

$$\boldsymbol{E}_i = (E_{i1}, E_{i2}, \cdots, E_{il_i}), \quad i = 1, 2, \cdots, n \tag{4.16}$$

其中 $E_{ij}(j = 1, 2, \cdots, l_i)$ 表示构件 i 处在第 j 种状态。

如前文所述,系统是由构件组成,同样多态系统的状态可由组成多态系统的多态构件的状态表示

$$E_{\text{system}} = f(\boldsymbol{E}_1, \boldsymbol{E}_2, \cdots, \boldsymbol{E}_n) \tag{4.17}$$

其中,$f(\cdot)$ 仍然是由组成系统的各个构件的构件状态组成的函数。这里需要强调,与二态系统不同的是,这里的构件至少有一个是多态构件。

与二态系统类似,多态系统的状态可由组成多态系统的构件的状态表示,同理,多态系统的失效概率可由组成多态系统的构件的失效概率表示,也可以用系统可靠性分析的方向进行计算。然而,在多态系统中,因为构件可能存在除安全状态(功能)或失效状态(故障)两种状态之外的多种其他状态,所以,多态系统的可靠度分析模型往往要更加复杂,其计算也更加困难。现在对于多态系统的可靠度计算,较为常用的方法是蒙特卡洛模拟。但是蒙特卡洛模拟需要进行大量的随机抽样,同时,也由于多态系统的复杂性,这样往往会导致计算量非常大,使其缺乏一定的实际适用性。

第5章 基于线性规划的可靠性分析

5.1 线性规划问题

线性规划(Linear Programming,简称 LP),是运筹学中研究较早、发展较快、应用广泛、方法较成熟的一个重要分支,它是辅助人们进行科学管理的一种数学方法。线性规划广泛应用于军事作战、经济分析、经营管理和工程技术等方面,为合理利用有限的人力、物力、财力等资源做出最优决策,提供科学的依据。线性规划是最优化问题中的一个重要领域。

5.1.1 线性规划的标准形式

描述线性规划问题的常用和最直观形式是标准型。标准型包括三个部分:需要极大化的线性函数、问题约束和非负变量。

其中,线性函数的标准形式如下:

$$z = \sum_{j=1}^{n} c_j x_j \tag{5.1}$$

线性函数的形式根据情况不同,可以有多种,例如:

$$c_1 x_1 + c_2 x_2 \tag{5.2}$$

问题约束和非负变量的标准形式如下:

$$\sum_{j=1}^{n} a_{ij} x_j = b_j, \quad i = 1, 2 \cdots, m \tag{5.3}$$

$$x_j \geqslant 0, \quad j = 1, 2, \cdots, n \tag{5.4}$$

同样,问题约束和非负变量的形式根据情况不同,可以有多种,例如:

$$a_{11} x_1 + a_{12} x_2 = b_1 \tag{5.5}$$

$$a_{21} x_1 + a_{22} x_2 = b_2 \tag{5.6}$$

$$a_{31} x_1 + a_{32} x_2 = b_3 \tag{5.7}$$

$$x_1 \geqslant 0 \tag{5.8}$$

$$x_2 \geqslant 0 \tag{5.9}$$

线性规划问题通常可以用矩阵形式表达成:

$$\text{maximize} \quad z = \boldsymbol{C}^{\mathrm{T}} \boldsymbol{X}$$

$$\text{subject to} \quad \boldsymbol{Ax} = \boldsymbol{b},$$

$$\boldsymbol{x} \geqslant \boldsymbol{0} \tag{5.10}$$

$$A = \begin{pmatrix} a_{11} & a_{12} & \cdots & a_{1n} \\ a_{21} & a_{22} & \cdots & a_{2n} \\ \vdots & \vdots & & \vdots \\ a_{m1} & a_{m2} & \cdots & a_{mn} \end{pmatrix}$$

标准形的形式具有以下三点要求：

① 目标函数要求为最大化问题；

② 约束条件均为等式；

③ 决策变量为非负约束。

其他类型的问题，例如极小化问题、不同形式的约束问题和有负变量的问题，都可以改写成等价线性规划的标准型问题。如普通线性规划化可通过以下方式转化为标准形：

① 若目标函数为最小化，可以通过取负，求最大化；

② 约束不等式为小于等于不等式，可以在左端加入非负变量，转变为等式，比如：

$$2x_1 + 3x_2 \leqslant 7 \Rightarrow \begin{cases} 2x_1 + 3x_2 + x_3 = 7 \\ x_3 \geqslant 0 \end{cases} \tag{5.11}$$

同理，约束不等式为大于等于不等式时，可以在左端减去一个非负变量，变为等式。

③ 若存在取值无约束的变量，可转变为两个非负变量的差，比如：

$$-\infty \leqslant x_k \leqslant +\infty \Rightarrow \begin{cases} x_k = x_m - x_n \\ x_m, x_n \geqslant 0 \end{cases} \tag{5.12}$$

一般而言，求线性函数在线性约束条件下的最大值和最小值的问题，统称为线性规划问题。以上标准型包括三个部分：线性函数、问题约束和非负变量，它们也被称为构成线性规划问题的三个要素：目标函数、约束条件和设计变量。

5.1.2　线性规划的可行域

满足线性规划问题约束条件的所有点组成的集合就是线性规划的可行域。若可行域有界（以下主要考虑有界可行域），线性规划问题的目标函数最优解必然在可行域的顶点上达到最优。例如：

在约束条件下，寻找目标函数 z 的最大值：

$$\text{maxmize } z = x_1 + x_2 \tag{5.13}$$

$$\text{subject to } \begin{cases} 2x_1 + x_2 \leqslant 12 \\ x_1 + 2x_2 \leqslant 9 \\ x_1, x_2 \geqslant 0 \end{cases} \tag{5.14}$$

转化为规定线性规划的标准形式

$$\text{subject to } \begin{cases} 2x_1 + x_2 + x_3 = 12 \\ x_1 + 2x_2 + x_4 = 9 \\ x_1, x_2, x_3, x_4 \geqslant 0 \end{cases} \tag{5.15}$$

其可行域示意图如图 5.1 所示。

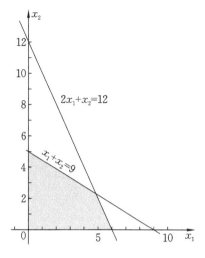

图 5.1　可行域示意图

5.2　单纯形法

单纯形法是求解线性规划问题最常用、最有效的算法之一。单纯形法最早由 George Dantzig 于 1947 年提出,虽然有许多变形体已经开发,但却保持着同样的基本思想。

单纯形法就是通过设置不同的基向量,经过矩阵的线性变换,求得基可行解(可行域顶点),并判断该解是否最优,否则继续设置另一组基向量,重复执行以上步骤,直到找到最优解。所以,单纯形法的求解过程是一个循环迭代的过程。如果线性规划问题的最优解存在,则一定可以在其可行区域的顶点中找到。基于此,单纯形法的基本思路是:先找出可行域的一个顶点,据一定的规则判断其是否最优;若否,则转换到与之相邻的另一顶点,并使目标函数值更优;如此下去,直到找到某最优解为止。单纯形算法的本质是利用多面体的顶点构造一个可能的解,然后沿着多面体的边走到目标函数值更高的另一个顶点,直至到达最优解为止。

5.2.1　基变量及几何意义

在标准形中,有 m 个约束条件(不包括非负约束),n 个决策变量,且 $n \geqslant m$。首先选取 m 个基变量 $x'_j (j = 1, 2, \cdots, m)$,基变量对应约束系数矩阵的列向量线性无关。通过矩阵的线性变换,基变量可由非基变量表示:

$$x'_i = C_i + \sum_{j=m+1}^{n} m_{ij} x'_j \quad (i = 1, 2, \cdots, m) \tag{5.16}$$

如果令非基变量等于 0,可求得基变量的值:

$$x'_i = C_i \tag{5.17}$$

如果为可行解的话，C_i 大于 0。这时候的几何意义可以通过上述具体的线性规划问题来说明

$$\text{maxmize } z = x_1 + x_2$$

$$\text{subject to} \begin{cases} 2x_1 + x_2 + x_3 = 12 \\ x_1 + 2x_2 + x_4 = 9 \\ x_1, x_2, x_3, x_4 \geqslant 0 \end{cases}$$

如果选择 x_2 和 x_3 为基变量，那么令 x_1 和 x_4 等于 0，可以去求解基变量 x_2 和 x_3 的值。并且，可对系数矩阵做如下变换

$$\begin{bmatrix} \boldsymbol{X} & x_1 & x_2 & x_3 & x_4 & \boldsymbol{b} \\ & 2 & 1 & 1 & 0 & 12 \\ & 1 & 2 & 0 & 1 & 9 \\ \boldsymbol{C} & 1 & 1 & 0 & 0 & z \end{bmatrix} \rightarrow \begin{bmatrix} \boldsymbol{X} & x_1 & x_2 & x_3 & x_4 & \boldsymbol{b} \\ & \dfrac{3}{2} & 0 & 1 & -\dfrac{1}{2} & \dfrac{15}{2} \\ & \dfrac{1}{2} & 1 & 0 & \dfrac{1}{2} & \dfrac{9}{2} \\ \boldsymbol{C} & \dfrac{1}{2} & 0 & 0 & -\dfrac{1}{2} & z-\dfrac{9}{2} \end{bmatrix} \quad (5.18)$$

$x_1 = 0$ 表示可行解在 x_2 轴上；$x_4 = 0$ 表示可行解在 $x_1 + 2x_2 = 9$ 的直线上。那么，求得的可行解即表示这两条直线的交点，也是可行域的顶点，即 $x_1 = 0, x_2 = 9/2$，如图 5.2 所示。

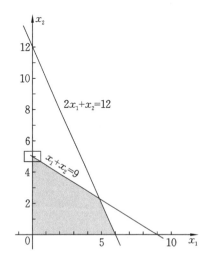

图 5.2　可行域求解示意图

所以，通过选择不同的基变量，可以获得不同的可行域的顶点。

5.2.2　基变量的替换

单纯形法的基本思想是从线性规划可行集的某一个顶点出发，沿着使目标函数值下降的方向寻求下一个顶点，面顶点个数是有限的，所以，只要这个线性规划有最优解，那么通过有限步迭代后，必可求出最优解。为了用迭代法求出线性规划的最优解，需要解决以

下三个问题：

①　最优解判别准则，即迭代终止的判别标准；

②　换基运算，即从一个基可行解迭代出另一个基可行解的方法；

③　进基列的选择，即选择合适的列以进行换基运算，可以使目标函数值有较大下降。

如前所述，基变量可由非基变量表示：

$$x_i' = C_i + \sum_{j=m+1}^{n} m_{ij} x_j' \quad (i = 1, 2, \cdots, m) \tag{5.19}$$

目标函数 z 也可以完全由非基变量表示：

$$z = z_0 + \sum_{j=m+1}^{n} \sigma_j x_j' \tag{5.20}$$

当达到最优解时，所有的 σ_j 应小于等于 0，当存在 j，使 $\sigma_j > 0$ 时，当前解并不是最优解。当前的目标函数值为 z_0，其中所有的非基变量值均取 0。根据前面的分析可知，$x_j' = 0$ 代表可行域的某个边界，是 x_j' 的最小值。如果可行解逐步离开这个边界，x_j' 会变大，因为 $\sigma_j > 0$，显然目标函数的取值也会变大，所以当前解并不是最优解。此时，我们需要寻找新的基变量。

假如我们选择非基变量 x_s' 作为下一轮的基变量，那么被替换基变量 x_r' 会在下一轮中作为非基变量。选择 x_r' 的原则：替换后应该尽量使 x_s' 值最大（因为前面已分析过，目标函数会随着 x_s' 的增大而增大），但要保证替换基变量后的解仍是可行解，因此应该选择最严格的限制。如果存在多个 $\sigma_j > 0$，选择最大的 $\sigma_j > 0$，对应的变量作为基变量，这表示目标函数随着 x_j' 的增加增长的最快。

下面我们继续通过前面的例子，利用式（5.18）进行说明。在式（5.18）中，首先从矩阵中的最后一行可以看到，x_1 的系数为 $1/2 > 0$，所以选 x_2 和 x_3 为基变量并没有使目标函数达到最优。然后，在下一轮中，选取 x_1 作为基变量，替换 x_2 和 x_3 中的某个变量，可以分为以下两种不同的情况：

①　在式（5.18）矩阵的第二行中，若 x_1 替换 x_3 作为基变量，$x_3 = 0$ 时，$x_1 = \dfrac{\frac{15}{2}}{\frac{3}{2}} = 5$；

②　在式（5.18）矩阵的第二行中，若 x_1 替换 x_2 作为基变量，$x_2 = 0$ 时，$r_1 = \dfrac{\frac{9}{2}}{\frac{1}{2}} - 0$。

尽管替换 x_2 后，x_1 的值更大，但将它代入 x_3 后会发现 x_3 的值为负，不满足约束。从几何的角度来看，选择 x_2 和 x_4 作为非基变量，得到的解是直线 $x_2 = 0$ 和 $x_1 + 2x_2 = 9$ 的交点，它在可行域外。因此应该选择 x_3 作为非基变量。

5.2.3　终止条件

当目标函数用非基变量的线性组合表示时，所有的系数均不大于 0，则表示目标函数达到最优。如果有一个非基变量的系数为 0,其他的均小于 0,表示目标函数的最优解有无穷多个。这是因为目标函数的梯度与某一边界正交,在这个边界上,目标函数的取值均相等,且为最优。

使用单纯形法来求解线性规划,输入单纯形法的松弛形式,是一个大矩阵,第一行为目标函数的系数,且最后一个数字为当前轴值下的 z 值。下面每一行代表一个约束,数字代表系数,每行最后一个数字代表 b 值。算法和使用单纯形表求解线性规划相同。例如,对于线性规划问题:

$$\text{maxmize} \quad x_1 + 14x_2 + 6x_3 \tag{5.21}$$

$$\text{subject to} \quad \begin{cases} x_1 + x_2 + x_3 \leqslant 4 \\ x_1 \leqslant 2 \\ x_3 \leqslant 3 \\ 3x_2 + x_3 \leqslant 6 \\ x_1, x_2, x_3 \geqslant 0 \end{cases} \tag{5.22}$$

可以得到其松弛形式:

$$\text{subject to} \quad \begin{cases} x_1 + x_2 + x_3 + x_4 = 4 \\ x_1 + x_5 = 2 \\ x_3 + x_6 = 3 \\ 3x_2 + x_3 + x_7 = 6 \\ x_1, x_2, x_3, x_4, x_5, x_6, x_7 \geqslant 0 \end{cases} \tag{5.23}$$

我们可以构造单纯形表(表 5.1),其中最后一行打星的列为轴值。

表 5.1 示例单纯形表

x_1	x_2	x_3	x_4	x_5	x_6	x_7	b
$c_1 = 1$	$c_2 = 14$	$c_3 = 6$	$c_4 = 0$	$c_5 = 0$	$c_6 = 0$	$c_7 = 0$	$-z = 0$
1	1	1	1	0	0	0	4
1	0	0	0	1	0	0	2
0	0	1	0	0	1	0	3
0	3	1	0	0	0	1	6
			*	*	*	*	

在单纯形表中,我们发现非轴值的 x 上的系数大于零,因此可以通过增加这些 x 的值,来使目标函数增加。我们可以大胆地选择最大的 c,例如在上面的例子中选择 c_2 作为新的轴,加入轴集合中。其实由于每个 x 都大于零,对于 x_2 它的增加是有所限制的,如果 x_2 过大,由于其他的限制条件,就会使得其他的 x 小于零,于是应该让 x_2 一直增大,直到有一个其他的 x 刚好等于 0 为止,那么这个 x 就被换出轴。

可以发现,对于约束方程 1,即第一行约束,x_2 最大可以为 4(4/1),对于约束方程 4,x_2

最大可以为 $2(6/3)$，因此 x_2 最大只能为它们之间最小的那个，这样才能保证每个 x 都大于零。因此使用第 4 行，来对各行进行高斯行变换，使得第二列第四行中的每个 x 都变成零，也包括 c_2。这样我们就完成了把 x_2 入轴，x_7 出轴的过程。变换后的单纯形表见表 5.2。

表 5.2　示例单纯形变换表 1

x_1	x_2	x_3	x_4	x_5	x_6	x_7	b
$c_1 = 1$	$c_2 = 0$	$c_3 = 1.33$	$c_4 = 0$	$c_5 = 0$	$c_6 = 0$	$c_7 = -4.67$	$-z = -28$
1	0	0.67	1	0	0	-0.33	2
1	0	0	0	1	0	0	2
0	0	1	0	0	1	0	3
0	1	0.33	0	0	0	0.33	2
	*			*	*	*	

继续计算，得到表 5.3。

表 5.3　示例单纯形变换表 2

x_1	x_2	x_3	x_4	x_5	x_6	x_7	b
$c_1 = -1$	$c_2 = 0$	$c_3 = 0$	$c_4 = 0$	$c_5 = -2$	$c_6 = 0$	$c_7 = 0$	$-z = -32$
1.5	0	1	1.5	0	0	-0.5	3
1	0	0	0	1	0	0	2
0	0	0	1	0	1	0	3
0	1	0.33	0	0	0	0.33	2
	*			*	*	*	

此时我们发现，所有非轴的 x 的系数全部小于零，即增大任何非轴的 x 值并不能使得目标函数最大，从而得到最优解为 32。

5.2.4　流程和步骤

单纯形法求解的一般流程步骤如图 5.3 所示。

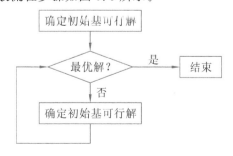

图 5.3　单纯形法的求解流程示意图

其过程可归纳如下：

① 把线性规划问题的约束方程组表达成典范型方程组，找出基本可行解作为初始基本可行解；

② 若基本可行解不存在，即约束条件有矛盾，则问题无解；

③ 若基本可行解存在，以初始基本可行解作为起点，根据最优性条件和可行性条件，引入非基变量取代某一基变量，找出目标函数值更优的另一基本可行解；

④ 按步骤 ③ 进行迭代，直到对应检验数满足最优性条件（这时目标函数值不能再改善），即得到问题的最优解；

⑤ 若迭代过程中发现问题的目标函数值无界，则终止迭代。

用单纯形法求解线性规划问题所需的迭代次数主要取决于约束条件的个数。现在一般的线性规划问题都是应用单纯形法标准软件在计算机上求解。

5.2.5　单纯形算法的问题及改进

自从 George Dantzig 提出求解线性规划的单纯形法以来，线性规划在理论上趋向成熟，在实用中由于计算机能处理成千上万个约束条件和决策变量的线性规划问题，单纯形法成为线性规划最优化问题中经常采用的基本方法之一。在解决实际问题时，需要把问题归结成一个线性规划数学模型，关键及难点在于选适当的决策变量建立恰当的模型，这直接影响到问题的求解。

单纯形算法利用多面体的顶点构造一个可能的解，然后沿着多面体的边走到目标函数值更高的另一个顶点，直至到达最优解为止。虽然这个算法在实际上很有效率，在小心处理可能出现的"循环"的情况下，可以保证找到最优解，但它的最坏情况可以很坏：可以构筑一个线性规划问题，单纯形算法需要问题大小的指数倍的运行时间才能将之解出。

第一个在最坏情况具有多项式时间复杂度的线性规划算法在 1979 年由苏联数学家 Leonid Khachiyan 提出。这个算法建基于非线性规划中 Naum Shor 发明的椭球法（Ellip-soid method），该法又是 Arkadi Nemirovski（2003 年冯·诺伊曼运筹学理论奖得主）和 D. Yudin 的凸集最优化椭球法的一般化。

理论上，"椭球法"在最恶劣的情况下所需要的计算量要比单纯形算法增长得缓慢，有希望用之解决超大型线性规划问题。但在实际应用上，Khachiyan 的算法令人失望：一般来说，单纯形算法比它更有效率。它的重要性在于鼓励了对内点算法的研究。内点算法是针对单纯形算法的"边界趋近"观念而改采"内部逼近"的路线，相对于只沿着可行域的边沿进行移动的单纯形算法，内点算法能够在可行域内移动。

1984 年，贝尔实验室印度裔数学家卡马卡（Narendra Karmarkar）提出了投影尺度法（又名 Karmarkar's algorithm）。这是第一个在理论上和实际上都表现良好的算法：它的最坏情况仅为多项式时间，且在实际问题中它比单纯形算法有显著的效率提升。自此之后，很多内点算法被提出来并进行分析。一个常见的内点算法为 Mehrotra predictor-corrector method。尽管在理论上对它所知甚少，在实际应用中它却表现出色。

单纯形算法沿着边界由一个顶点移动到"相邻"的顶点,内点算法每一步的移动考量较周详,"跨过可行解集合的内部"去逼近最佳解。当今的观点是:对于线性规划的日常应用问题而言,如果算法实现良好,基于单纯形法和内点法的算法之间的效率没有太大差别,只有在超大型线性规划中,顶点几乎成为天文数字,内点法有机会领先单纯形算法。

5.3　线性规划界限法

5.3.1　MECE 事件

MECE,是 Mutually Exclusive Collectively Exhaustive 的缩写,中文意思是"相互独立,完全穷尽"。也就是对于一个重大的议题,能够做到不重叠、不遗漏的分类,而且能够借此有效把握问题的核心,并成为有效解决问题的方法。

所谓的不遗漏、不重叠指在将某个整体(不论是客观存在的还是概念性的整体)划分为不同的部分时,必须保证划分后的各部分符合以下要求:

① 各部分之间相互独立(Mutually Exclusive)

② 所有部分完全穷尽(Collectively Exhaustive)

"相互独立"意味着问题的细分是在同一维度上并有明确区分、不可重叠,"完全穷尽"则意味着全面、周密。

5.3.2　基于 MECE 事件的线性规划

1965 年,Hailperin 提出了一个含有 n 个二态构件的系统,并将组成系统状态的样本空间划分为 2^n 个 MECE 事件。其中,每个 MECE 事件都由失效事件 F_i 及其补集 $\overline{F_i}$(安全事件)的不同交叉点组成,$i = 1, 2, \cdots, n$。这些 MECE 事件被称为基本 MECE 事件,并被标注为 $e_r, r = 1, 2, \cdots, 2^n$。例如,一个含有 3 个二态构件的系统,就存在 $2^3 = 8$ 个基本的 MECE 事件(图 5.4)。

$$
\begin{aligned}
e_1 &= F_1 \bigcap F_2 \bigcap F_3, & e_2 &= \overline{F_1} \bigcap F_2 \bigcap F_3, \\
e_3 &= F_1 \bigcap \overline{F_2} \bigcap F_3, & e_4 &= F_1 \bigcap F_2 \bigcap \overline{F_3}, \\
e_5 &= \overline{F_1} \bigcap \overline{F_2} \bigcap F_3, & e_6 &= \overline{F_1} \bigcap F_2 \bigcap \overline{F_3}, \\
e_7 &= F_1 \bigcap \overline{F_2} \bigcap \overline{F_3}, & e_8 &= \overline{F_1} \bigcap \overline{F_2} \bigcap \overline{F_3}.
\end{aligned}
\tag{5.24}
$$

自从 1947 年 Dantzig 提出了单纯形法算法以来,线性规划法慢慢成为一种非常实用的计算工具。基于塑性分析的线性规划法,Nafday 等人提出了一种建筑框架机构失效模式的识别方法。Corotis 和 Nafday 提出了蒙特卡洛模拟和线性规划法相结合的方法来评估复杂结构系统的系统可靠性,当传统的蒙特卡洛模拟对于实际的高可靠性结构系统的计算效率低下时,该方法具有优势。虽然线性规划法已被用于结构系统的可靠性估计,但尚未直接用于结构系统失效概率的计算。基于 MECE 事件,Song 和 Derkiureghian 提出了

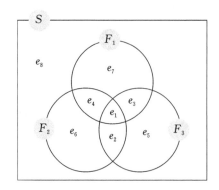

图 5.4　含 3 个二态构件的系统的基本 MECE 事件示意图

一种名为线性规划(LP)界限法的方法来计算结构系统的失效概率边界。

5.3.3　线性规划界限法

因为基本的 MECE 事件是互斥的,所以任何事件的并集都可以由相应的概率之和得到。特别是,任何失效事件 F_i 的概率可以通过构成该失效事件 F_i 的基本 MECE 事件的概率之和来获得。类似地,任何联合失效概率都可以通过构成交叉事件的基本 MECE 事件的总和来获得。例如,如图 5.4 所示的具有三个二态构件的系统,其单个构件的失效概率可表示为

$$P(F_1) = P_1 = p_{m_1} + p_{m_3} + p_{m_4} + p_{m_7}$$
$$P(F_2) = P_2 = p_{m_1} + p_{m_2} + p_{m_4} + p_{m_6} \tag{5.25}$$
$$P(F_3) = P_3 = p_{m_1} + p_{m_2} + p_{m_3} + p_{m_5}$$

两个构件的联合失效概率可以表示为

$$P(F_1 \bigcap F_2) = P_{12} = p_{m_1} + p_{m_4}$$
$$P(F_1 \bigcap F_3) = P_{13} = p_{m_1} + p_{m_3} \tag{5.26}$$
$$P(F_2 \bigcap F_3) = P_{23} = p_{m_1} + p_{m_2}$$

三个构件的联合失效概率可以表示为

$$P(F_1 \bigcap F_2 \bigcap F_3) = P_{123} = p_{m_1} \tag{5.27}$$

因此,其通用公式可表示为

$$P(F_i) = P_i = \sum_{m_r : e_r \subseteq F_i} p_{m_r}$$
$$P(F_i \bigcap F_j) = P_{ij} = \sum_{m_r : e_r \subseteq F_i \bigcap F_j} p_{m_r} \tag{5.28}$$
$$P(F_i \bigcap F_j \bigcap F_l) = P_{ijl} = \sum_{m_r : e_r \subseteq F_i \bigcap F_j \bigcap F_l} p_{m_r}, \quad \text{etc.}$$

需要注意的是,基本 MECE 事件的概率 $p_{m_r} = P(e_r)$ 并不是已知的,而仅仅如单个构件的失效概率和部分构件的联合失效概率,如 $P(F_i)$ 和 $P(F_i \bigcap F_j)$ 等,是已知的。

基于概率的基本公理,基本 MECE 事件的概率 $\boldsymbol{p}_m = \{p_{m_1}, p_{m_2}, \cdots, p_{m_{2^n}}\}$ 具有以下线性约束

$$\sum_{m_r=1}^{2^n} p_{m_r} = 1 \tag{5.29}$$

$$p_{m_r} \geqslant 0; \quad r = 1, 2, \cdots, 2^n$$

通过分析计算线性规划问题的目标函数的最大值和最小值,可以获得系统失效概率的上下边界值。适用于本分析的线性规划问题的公式可表示为

$$\begin{aligned} \text{minimize(maximize)} \quad & \boldsymbol{C}^{\mathrm{T}} \boldsymbol{p}_m \\ \text{subject to} \quad & \boldsymbol{A}_1 \boldsymbol{p}_m = \boldsymbol{B}_1 \\ & \boldsymbol{A}_2 \boldsymbol{p}_m \geqslant \boldsymbol{B}_2 \end{aligned} \tag{5.30}$$

式中,$\boldsymbol{p}_m = \{p_{m_1}, p_{m_2}, \cdots, p_{m_{2^n}}\}$ 是设计变量的向量,并代表基本 MECE 事件的概率;$\boldsymbol{C}$ 是将系统失效事件与构件失效事件联系起来的相关矩阵;$\boldsymbol{C}^{\mathrm{T}} \boldsymbol{p}_m$ 是线性目标函数;$\boldsymbol{A}_1$ 和 $\boldsymbol{A}_2$ 是系数矩阵,$\boldsymbol{B}_1$ 和 $\boldsymbol{B}_2$ 是其各自对应的向量,其包含着单个构件的失效概率和 k 个构件的联合失效概率的相关信息。

当已知的信息为 $P(F_i) = x$ 的形式时,$\boldsymbol{A}_1$ 和 $\boldsymbol{B}_1$ 可以从公式(5.28)获得;而当已知的信息为 $P(F_i) \geqslant x$ 或 $P(F_i) \leqslant x$ 的形式时,$\boldsymbol{A}_2$ 和 $\boldsymbol{B}_2$ 同样也可以从公式(5.28)获得。以上概率的向量 $\boldsymbol{B}_1$ 和 $\boldsymbol{B}_2$ 以及系数矩阵 $\boldsymbol{A}_1$ 和 $\boldsymbol{A}_2$ 构成了线性规划问题中的约束条件。

上述相关内容的程序可通过 MATLAB 软件实现,其中,关于 MATLAB 相关知识的简单介绍详见附录 A,关于该约束条件的求解子程序详见附录 B。

例如,考虑一个含有 3 个二态构件的结构系统,如果已知 $P(F_1) = 0.01$,$P(F_2) = 0.02$,$P(F_3) = 0.03$,且目标函数为 $P(F_1 \bigcap F_2 \bigcap F_3) = p_{m_1}$,则 $\boldsymbol{A}_1$ 和 $\boldsymbol{B}_1$ 以及 $\boldsymbol{C}^{\mathrm{T}}$ 可表示为

$$\boldsymbol{A}_1 = \begin{bmatrix} 1 & 0 & 1 & 1 & 0 & 0 & 1 & 0 \\ 1 & 1 & 0 & 1 & 0 & 1 & 0 & 0 \\ 1 & 1 & 1 & 0 & 1 & 0 & 0 & 0 \end{bmatrix} \tag{5.31}$$

$$\boldsymbol{B}_1 = \begin{bmatrix} 0.01 \\ 0.02 \\ 0.03 \end{bmatrix} \tag{5.32}$$

$$\boldsymbol{C}^{\mathrm{T}} = \begin{bmatrix} 1 & 0 & 0 & 0 & 0 & 0 & 0 & 0 \end{bmatrix} \tag{5.33}$$

5.3.4　线性规划界限法的缺点

从前面的内容不难发现,随着设计变量和约束条件的增加,线性规划问题的规模将迅速增大。对于一个含有 n 个二态构件的系统而言,线性规划界限法中所涉及的设计变量个

数(n_d）可表示为

$$n_d = 2^n \tag{5.34}$$

当每个单个构件的失效概率和任意 k 个构件的联合失效概率，即所有组合的 k 个构件的联合失效概率的所有组合均已知时，线性规划界限法中的约束条件的数量（n_c）可表示为

$$n_c = 2^n + 1 + \binom{n}{1} + \binom{n}{2} + \cdots + \binom{n}{k} \tag{5.35}$$

从公式(5.35)可以发现，线性规划界限法的主要缺点是设计变量的数量（n_d）随着系统中构件的数量的增加而呈指数增长。同理，从公式(5.35)不难发现，线性规划界限法中的约束条件的数量（n_c）也会随着系统中构件数量的增加而快速增加。这一点大大限制了线性规划界限法的适用性。例如，假设有一个线性规划求解器，它可以处理 $2^{18} = 262144$ 个设计变量和所有约束条件，也就是说含有 18 个构件的系统。而当系统中构件个数增加为 19 个时，此时，系统中的设计变量的个数将变成 $2^{19} = 524288$，此时设计变量和约束条件的数量将极大地超出线性规划求解器的范围，使得原有的线性规划求解器完全失去有效性。一般来说，线性规划界限法中构件个数的上限为 18。为了有效而准确地计算系统的可靠性，本书将在后面的章节中介绍一种更加快速有效的利用线性规划法计算系统可靠度的计算方法。

第6章 基于线性规划和通用发生函数的系统可靠性分析

为了有效而准确地计算系统的可靠性,本章将在前章线性规划法的基础上介绍一种更加快速有效的可靠度计算方法。

6.1 通用发生函数和可靠性分析

6.1.1 通用发生函数

通用发生函数(Universal Generating Function)是离散数学领域的一个重要工具,它可以用统一的公式来解决各种问题。由于系统的失效状态和安全状态正好是离散数学中的两个离散状态,因此通过利用通用发生函数,可以很好地描述系统的不同状态。

1986 年,Ushakov 最先提出了将通用发生函数技术运用于工程系统中进行分析。在过去的几十年里,Lisniaski 和 Levitin 等人开发并完成了通用发生函数技术在评估和优化系统可靠性指标方面的应用。通用发生函数技术使人们能够根据系统中各个组件的状态,通过代数过程来描述整个系统的状态。

考虑一个离散随机变量 X,其采样空间为 x 和相应的概率质量函数 p_j,可以表示为

$$x = \{x_1, x_2, \cdots, x_m\}$$
$$p_j = P(X = x_j); \quad j = 1, 2, \cdots, m \tag{6.1}$$
$$p = (p_1, p_2, \cdots, p_m)$$

类似于矩量母函数中的 X 的,另一个与 X 有关且决定了其概率质量函数的函数,可以表示为

$$
\begin{aligned}
u_X(z) &= E(z^X) \\
&= p_1 z^{x_1} + p_2 z^{x_2} + \cdots + p_n z^{x_m} \\
&= \sum_{j=1}^{m} p_j z^{x_j}
\end{aligned}
\tag{6.2}
$$

其中,$E(z^X)$ 表示 z^X 的期望值。

以上的这个函数通常称为变量 X 的 z 变换。关于发生函数和 z 变换的更多性质和细节,请参阅 Grimmentt、Strizaker 和 Ross 的其他相关书籍。

考虑 n 个独立离散随机变量 $X_1, X_2, \cdots, X_n$,且其各自具有对应的样本空间 $x_i = (x_{i,1}, x_{i,2}, \cdots, x_{i,m})$,以及与之对应的概率质量函数 $p_i = (p_{i,1}, p_{i,2}, \cdots, p_{i,m})$。因此,任意随

机变量 X_i 的 z 变换可以表示为

$$u_{X_i}(z) = \sum_{j=1}^{m_i} p_{i,j} z^{x_{i,j}} \tag{6.3}$$

任意随机变量 X_i 的和的 z 变换可以表示为这些随机变量 X_i 的乘积的形式

$$
\begin{aligned}
u_{\sum_{i=1}^{n} X_i}(z) &= E(z^{\sum_{i=1}^{n} X_i}) \\
&= E\left(\prod_{i=1}^{n} z^{X_i}\right) \\
&= \prod_{i=1}^{n} u_{X_i}(z) \\
&= \sum_{j_1=1}^{m_1} \sum_{j_2=1}^{m_2} \cdots \sum_{j_n=1}^{m_n} \left[\left(\prod_{i=1}^{n} p_{i,j_i}\right) z^{(x_{1,j_1} + x_{2,j_2} + \cdots + x_{n,j_n})} \right]
\end{aligned}
\tag{6.4}
$$

注意，当随机变量 X 和 Y 相互独立时

$$E(XY) = E(X)E(Y) \tag{6.5}$$

Levitin 通过用函数 $f(x_{1,j_1}, x_{2,j_2}, \cdots, x_{n,j_n})$ 代替公式(6.4)中的 $(x_{1,j_1} + x_{2,j_2} + \cdots + x_{n,j_n})$ 的方式，提出了关于任意函数 $X_1, X_2, \cdots, X_n$ 的通用发生函数表达式

$$U(z) = \sum_{j_1=1}^{m_1} \sum_{j_2=1}^{m_2} \cdots \sum_{j_n=1}^{m_n} \left[\left(\prod_{i=1}^{n} p_{i,j_i}\right) z^{f(x_{1,j_1}, x_{2,j_2}, \cdots, x_{n,j_n})} \right] \tag{6.6}$$

例如，考虑两个随机变量数 X_1 和 X_2，且其对应的样本空间和概率质量函数为 $\boldsymbol{x}_1 = (1,2), \boldsymbol{p}_1 = (0.3, 0.7), \boldsymbol{x}_2 = (1,2,4), \boldsymbol{p}_2 = (0.2, 0.3, 0.5)$。当需要求得函数 $Y = X_1^{X_2}$ 的概率质量函数时，需要考虑所有关于随机变量数 X_1 和 X_2 值的可能组合。一般来说，这是相当困难的，而当我们使用通用发生函数表达该函数时，可表示为

$$
\begin{aligned}
U_Y(z) &= u_{X_1}(z) \underset{f}{\bigotimes} u_{X_2}(z) \\
&= (0.3z^1 + 0.7z^2) \underset{f}{\bigotimes} (0.2z^1 + 0.3z^2 + 0.5z^4) \\
&= 0.06z^{f(1,1)} + 0.14z^{f(2,1)} + 0.09z^{f(1,2)} + 0.21z^{f(2,2)} \\
&\quad + 0.15z^{f(1,4)} + 0.35z^{f(2,4)} \\
&= 0.06z^{(1^1)} + 0.14z^{(2^1)} + 0.09z^{(1^2)} + 0.21z^{(2^2)} + 0.15z^{(1^4)} + 0.35z^{(2^4)} \\
&= 0.06z^1 + 0.14z^2 + 0.09z^1 + 0.21z^4 + 0.15z^1 + 0.35z^{16}
\end{aligned}
\tag{6.7}
$$

通过对式(6.7)合并同类项，可以得到

$$U_Y(z) = 0.30z^1 + 0.14z^2 + 0.21z^4 + 0.35z^{16} \tag{6.8}$$

从式(6.8)可以发现，变量 Y 的样本空间和其对应的概率质量函数分别为 $\boldsymbol{y} = (1,2,4,16), \boldsymbol{p}_y = (0.30, 0.14, 0.21, 0.35)$。

6.1.2 通用发生函数在线性规划界限法中的应用

本节将提出一种将通用发生函数引入线性规划界限法中的方法。在本小节所介绍的方法中,线性规划中所涉及的设计变量的个数,仍然与线性规划界限法中设计变量的个数相同。

考虑一个由 n 个具有相关性的构件组成的系统,假设第 i 个构件可能具有多个不同的状态,$i = 1, 2, \cdots, n$,则构件的通用发生函数可表示为

$$u_i(z) = \sum_{j=1}^{m_i} p_{i,j} z^{x_{i,j}}; \quad i = 1, 2, \cdots, n \tag{6.9}$$

式中,$z^{x_{i,j}}$ 中的 $x_{i,j}$ 表示构件 i 的状态 j;$p_{i,j}$ 是其对应的概率值。

例如,一个构件只具有安全和失效两种状态(F_i 及其补集 $\overline{F_i}$),则其通用发生函数可表示为

$$u(z) = p_1 z^0 + p_2 z^x \tag{6.10}$$

式中,z^0 中的 0 表示构件处于失效状态;z^x 中的 x 表示构件处于安全状态;p_1 和 p_2 分别对应其处于失效状态的概率和处于安全状态的概率。

因此,在式(6.6)的基础上,一个由 n 个具有相关性的构件组成的系统的通用发生函数可表示为

$$U(z) = \sum_{j_1=1}^{m_1} \sum_{j_2=1}^{m_2} \cdots \sum_{j_n=1}^{m_n} (p_{j_1,j_2,\cdots,j_n} z^{f(x_{1,j_1}, x_{2,j_2}, \cdots, x_{n,j_n})}) \tag{6.11}$$

式中,$z^{f(x_{1,j_1}, x_{2,j_2}, \cdots, x_{n,j_n})}$ 中的 $f(x_{1,j_1}, x_{2,j_2}, \cdots, x_{n,j_n})$ 表示系统的状态,其由构成系统的各个构件的基本 MECE 事件组成;$p_{j_1,j_2,\cdots,j_n}$ 表示系统处于该状态时所对应的概率。

在如图 6.1 所示的含 3 个二态构件的系统中,其对应的通用发生函数可表示为

$$\begin{aligned} U(z) = {} & p_{1,1,1} z^0 + p_{2,1,1} z^{f(x_1)} + p_{1,2,1} z^{f(x_2)} + p_{1,1,2} z^{f(x_3)} \\ & + p_{2,2,1} z^{f(x_1, x_2)} + p_{2,1,2} z^{f(x_1, x_3)} + p_{1,2,2} z^{f(x_2, x_3)} + p_{2,2,2} z^{f(x_1, x_2, x_3)} \end{aligned} \tag{6.12}$$

式中,z^0 中的 0 表示系统中没有任何构件幸存,$p_{1,1,1}$ 是系统处于其对应状态下的概率;$z^{f(x_1)}$ 中的 $f(x_1)$ 表示系统中仅有构件 1 幸存,$p_{2,1,1}$ 是系统处于其对应状态下的概率;$z^{f(x_2)}$ 中的 $f(x_2)$ 表示系统中仅有构件 2 幸存,$p_{1,2,1}$ 是系统处于其对应状态下的概率;$z^{f(x_3)}$ 中的 $f(x_3)$ 表示系统中仅有构件 3 幸存,$p_{1,1,2}$ 是系统处于其对应状态下的概率;$z^{f(x_1, x_2)}$ 中的 $f(x_1, x_2)$ 表示系统中仅有构件 1 和构件 2 幸存,$p_{2,2,1}$ 是系统处于其对应状态下的概率;$z^{f(x_1, x_3)}$ 中的 $f(x_1, x_3)$ 表示系统中仅有构件 1 和构件 3 幸存,$p_{2,1,2}$ 是系统处于其对应状态下的概率;$z^{f(x_2, x_3)}$ 中的 $f(x_2, x_3)$ 表示系统中仅有构件 2 和构件 3 幸存,$p_{1,2,2}$ 是系统处于其对应状态下的概率;$z^{f(x_1, x_2, x_3)}$ 中的 $f(x_1, x_2, x_3)$ 表示系统中的构件 1、构件 2 和构件 3 全都幸存,$p_{2,2,2}$ 是系统处于其对应状态下的概率。

结合图 6.1 所示,我们不难发现,上述含 3 个二态构件的系统中,系统的通用发生函

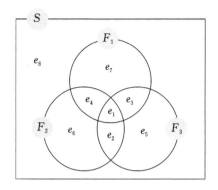

图 6.1   含 3 个二态构件的系统的基本 MECE 事件示意图

数是由 $2^3 = 8$ 个不同项组成的。各个不同项所代表的系统状态，正好对应如前面所示的该系统中的 8 个基本 MECE 事件，并将这 8 个基本 MECE 事件的概率表示为

$$
\begin{aligned}
& p_{m_1} = p(e_1), \quad p_{m_2} = p(e_2), \\
& p_{m_3} = p(e_3), \quad p_{m_4} = p(e_4), \\
& p_{m_5} = p(e_5), \quad p_{m_6} = p(e_6), \\
& p_{m_7} = p(e_7), \quad p_{m_8} = p(e_8).
\end{aligned}
\tag{6.13}
$$

对于系统处于 $z^{f(\cdot)}$ 中的 $f(\cdot)$ 所表示的事件，采用 $e(z^{f(\cdot)})$ 表示，结合图 6.1，可以得到

$$
\begin{aligned}
& e(z^0) = e_1, \quad\quad\quad e(z^{f(x_1)}) = e_2, \\
& e(z^{f(x_2)}) = e_3, \quad\quad e(z^{f(x_3)}) = e_4, \\
& e(z^{f(x_1,x_2)}) = e_5, \quad e(z^{f(x_1,x_3)}) = e_6, \\
& e(z^{f(x_2,x_3)}) = e_7, \quad e(z^{f(x_1,x_2,x_3)}) = e_8.
\end{aligned}
\tag{6.14}
$$

通过对比系统的通用发生函数中的不同事件，以及基本 MECE 事件，可以得到

$$
\begin{aligned}
& p_{1,1,1} = p_{m_1}, \quad p_{2,1,1} = p_{m_2}, \\
& p_{1,2,1} = p_{m_3}, \quad p_{1,1,2} = p_{m_4}, \\
& p_{2,2,1} = p_{m_5}, \quad p_{2,1,2} = p_{m_6}, \\
& p_{1,2,2} = p_{m_7}, \quad p_{2,2,2} = p_{m_8}.
\end{aligned}
\tag{6.15}
$$

类似地，不难发现，对于一个由 n 个二态构件组成的系统中，系统的通用发生函数中的不同项的个数为 2^n，且每一个不同的项所代表的系统状态及其概率，均为基本 MECE 事件及其对应的概率。因此，我们可以考虑将线性规划法引入到上述系统的通用发生函数中，其具体步骤见下一节。

6.2　松弛线性规划界限法

6.2.1　松弛线性规划界限法介绍

（1）松弛线性规划界限法的通用发生函数

对于一个由 n 个二态构件组成的系统，其系统的一般通用发生函数可表示为

$$
\begin{aligned}
U(z) = & \, p_1 z^0 + p_2 z^{x_1} + p_3 z^{x_2} + \cdots + p_{n+1} z^{x_n} \\
& + p_{n+2} z^{2x_1} + p_{n+3} z^{2x_2} + \cdots + p_{2n+1} z^{2x_n} \\
& + p_{2n+2} z^{3x_1} + p_{2n+3} z^{3x_2} + \cdots + p_{3n+1} z^{3x_n} + \cdots \\
& + p_{(n-2)n+2} z^{(n-1)x_1} + p_{(n-2)n+3} z^{(n-1)x_2} + \cdots + p_{(n-1)n+1} z^{(n-1)x_n} \\
& + p_{n^2-n+2} z^{nx}
\end{aligned} \tag{6.16}
$$

式中，z^0 中的 0 表示系统中没有任何构件幸存，p_1 是系统处于其对应状态下的概率；z^{x_1} 中的 x_1 表示系统中有且仅有 1 个构件幸存，且该构件为构件 1，p_2 是系统处于其对应状态下的概率；z^{x_2} 中的 x_2 表示系统中有且仅有 1 个构件幸存，且该构件为构件 2，p_3 是系统处于其对应状态下的概率；z^{2x_1} 中的 $2x_1$ 表示系统中有且仅有 2 个构件幸存，且包含构件 1，p_{n+2} 是系统处于其对应状态下的概率；z^{2x_2} 中的 $2x_2$ 表示系统中有且仅有 2 个构件幸存，且包含构件 2，p_{n+3} 是系统处于其对应状态下的概率；由 z^{2x_i} 中的 $2x_i$，$i=1,2,\cdots,n$，所代表的所有系统状态之和的事件，为系统中有且仅有 2 个构件幸存的事件，其概率之和为系统中有且仅有 2 个构件幸存的事件的概率；z^{nx} 中的 nx 表示系统中所有 n 个构件全部幸存，p_{n^2-n+2} 是系统处于其对应状态下的概率；同理，其他符号有相似的意义。

值得注意的是，类似于 z^{2x_1} 中的 $2x_1$ 表示系统中有且仅有 2 个构件幸存，且包含构件 1 这样的事件，并不是基本的 MECE 事件。然而，类似于 z^{jx_i} 中的 $2x_i$，$i=1,2,\cdots,n$，所代表的所有系统状态的事件之和（E_j）与其他类似的事件 $E_k (j,k=0,1,2,\cdots,n, k \neq j)$ 却构成了 MECE 事件。

（2）LP 问题

与线性规划界限法类似，松弛线性规划界限法的线性目标函数可以通过式（6.16）中对应的矩阵获得。其中，概率 $\boldsymbol{p} = \{p_1, p_2, \cdots, p_{n^2-n+2}\}$ 即为线性规划中的设计变量，构件的失效概率以及多个构件的联合失效概率构成了线性规划中的约束条件。这一点既与线性规划界限法类似，又有不同之处，具体如下。

① 目标函数

从系统的一般通用发生函数公式（6.16）中，不难发现，对于串联系统而言，线性规划中目标函数 $\boldsymbol{C}^{\mathrm{T}} \boldsymbol{p}$（其中 $\boldsymbol{C}$ 与串联系统失效事件有关）中的 $\boldsymbol{C}$ 可表示为

$$
\boldsymbol{C}^{\mathrm{T}} = [1 \quad 1 \quad \cdots \quad 1 \quad 0] \tag{6.17}
$$

同理，对于并联系统而言，线性规划中目标函数 $\boldsymbol{C}^{\mathrm{T}} \boldsymbol{p}$（其中 $\boldsymbol{C}$ 与并联系统失效事件有

关）中的 C 可表示为

$$C^{\mathrm{T}} = [1 \quad 0 \quad \cdots \quad 0 \quad 0] \tag{6.18}$$

② 设计变量

与前面介绍的线性规划界限法类似,系统的一般通用发生函数公式(6.16)中概率变量 p_r 也就是线性规划中的设计变量,其个数为

$$n_d = n^2 - n + 2 \tag{6.19}$$

③ 约束条件

基于概率的基本公理,式(6.16)中的概率 p_r 具有以下线性约束

$$\sum_{r=1}^{n^2-n+2} p_r = 1 \tag{6.20}$$

$$p_r \geqslant 0; \quad r = 1, 2, \cdots, n^2 - n + 2 \tag{6.21}$$

与线性规划界限法类似,松弛线性规划界限法的约束条件虽然也是建立在单个构件的失效概率以及多个构件的失效概率的基础上,但又有所不同。松弛线性规划界限法的约束条件是建立在单个构件的失效概率以及多个构件的失效概率的松弛条件下,也就是说,并不一定都是等式,而是由很多不等式构成,这一点也就造成了线性规划最终所计算的边界值更广,这也是我们将这种方法称为松弛线性规划界限法的原因。

6.2.2 约束条件的引入

在松弛线性规划界限法中,其给定的已知条件是单个构件的失效概率或几个构件的联合失效概率(一般为 2 个或者 3 个),关于其在线性规划中的应用将在下面的章节中加以详细说明。

(1) 单个构件的失效概率的松弛边界

含有 3 个二态构件的系统的通用发生函数可表示为

$$\begin{aligned}
U(z) = {} & p_1 z^0 + p_2 z^{x_1} + p_3 z^{x_2} + p_4 z^{x_3} \\
& + p_5 z^{2x_1} + p_6 z^{2x_2} + p_7 z^{2x_3} + p_8 z^{3x}
\end{aligned} \tag{6.22}$$

其对应的 MECE 事件示意图如图 6.2 所示。

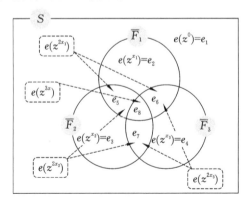

图 6.2　含 3 个二态构件的系统的 MECE 事件示意图

通过对比图 6.1 和图 6.2，通用发生函数中 $z^0, z^{3x}, z^{jx_i} (i=1,2,3, j=1,2)$，所表示的 MECE 事件与基本 MECE 之间的关系可以表示为

$$
\begin{aligned}
& e(z^0) = e_1, && e(z^{x_1}) = e_2, \\
& e(z^{x_2}) = e_3 && e(z^{x_3}) = e_4, \\
& e(z^{3x}) = e_8, && e(z^{2x_1}) \subset (e_5 \bigcup e_6), \\
& e(z^{2x_2}) \subset (e_5 \bigcup e_7), && e(z^{2x_3}) \subset (e_6 \bigcup e_7).
\end{aligned}
\tag{6.23}
$$

其对应的概率关系可以表示为

$$
\begin{aligned}
& p_1 = p_{m_1}, && p_2 = p_{m_2}, \\
& p_3 = p_{m_3}, && p_4 = p_{m_4}, \\
& p_8 = p_{m_8}, && p_5 < p_{m_5} + p_{m_6}, \\
& p_6 < p_{m_5} + p_{m_7}, && p_7 < p_{m_6} + p_{m_7}.
\end{aligned}
\tag{6.24}
$$

进而，事件 $z^{jx_i} (i=1,2,3, j=1,2)$ 与基本的 MECE 事件之间的关系可表示为

$$
\begin{aligned}
(e(z^{x_1}) \bigcup e(z^{x_2}) \bigcup e(z^{x_3})) &= (e_2 \bigcup e_3 \bigcup e_4), \\
(e(z^{2x_1}) \bigcup e(z^{2x_2}) \bigcup e(z^{2x_3})) &= (e_5 \bigcup e_6 \bigcup e_7).
\end{aligned}
\tag{6.25}
$$

其对应的概率关系可以表示为

$$
\begin{aligned}
p_2 + p_3 + p_4 &= p_{m_2} + p_{m_3} + p_{m_4}, \\
p_5 + p_6 + p_7 &= p_{m_5} + p_{m_6} + p_{m_7}.
\end{aligned}
\tag{6.26}
$$

结合图 6.1 和图 6.2，还可以得到以下关系：

① 单个构件的失效概率可以表示为

$$
\begin{aligned}
P(F_1) = P_1 & \begin{cases} > p_1 + p_3 + p_4 \\ < p_1 + p_3 + p_4 + p_6 + p_7 \end{cases} \\
P(F_2) = P_2 & \begin{cases} > p_1 + p_2 + p_4 \\ < p_1 + p_2 + p_4 + p_5 + p_7 \end{cases} \\
P(F_3) = P_3 & \begin{cases} > p_1 + p_2 + p_3 \\ < p_1 + p_2 + p_3 + p_5 + p_6 \end{cases}
\end{aligned}
\tag{6.27}
$$

式中，$p_1 + p_3 + p_4$ 为系统中除构件 1 外无构件幸存的状态所对应的概率；$p_5 + p_6 + p_7$ 为系统中仅有 2 个构件幸存的状态所对应的概率。

从而，我们可以发现，P_1 大于 $p_1 + p_3 + p_4$，但小于 $p_1 + p_3 + p_4 + p_5 + p_6 + p_7$。由于 p_5 代表 z^{2x_1} 所表示的系统状态的概率，也就是系统中有两个且包括构件 1 幸存时的部分状态所代表的概率。因此，p_5 能从前述的不等式中移除。

同理，其他不等式也能通过同样的方式推出。

② 两个构件的联合失效概率可以表示为

$$P(F_1 \bigcap F_2) = P_{12} = p_1 + p_4$$
$$P(F_1 \bigcap F_3) = P_{13} = p_1 + p_3 \qquad (6.28)$$
$$P(F_2 \bigcap F_3) = P_{23} = p_1 + p_2$$

式中，$p_1 + p_4$ 为系统中除构件 3 外无构件幸存的状态所对应的概率；且从图 6.2 中可以发现其正好等于 P_{12}。

同理，其他等式也能通过同样的方式推出。

③ 三个构件的联合失效概率可以表示为

$$P(F_1 \bigcap F_2 \bigcap F_3) = P_{123} = p_1 \qquad (6.29)$$

④ 单个构件的失效概率之和可以表示为

$$P(F_1) + P(F_2) + P(F_3)$$
$$= P_1 + P_2 + P_3$$
$$= 3p_{m_1} + 2(p_{m_2} + p_{m_3} + p_{m_4}) + p_{m_5} + p_{m_6} + p_{m_7} \qquad (6.30)$$
$$= \binom{3}{1}p_{m_1} + \binom{2}{1}(p_{m_2} + p_{m_3} + p_{m_4}) + \binom{1}{1}(p_{m_5} + p_{m_6} + p_{m_7})$$

通过对比式（6.24）、式（6.26）以及式（6.30），单个构件的失效概率之和也可以表示为

$$P(F_1) + P(F_2) + P(F_3)$$
$$= \binom{3}{1}p_1 + \binom{2}{1}(p_2 + p_3 + p_4) + \binom{1}{1}(p_5 + p_6 + p_7) \qquad (6.31)$$

值得注意的是，当已知的信息并不是 $P(F_i) = x$ 这样的等式时，而是如 $P(F_i) \geqslant x$ 或 $P(F_i) \leqslant x$ 这样的不等式时，我们也可以通过将式（6.30）式（6.31）改为不等式进行计算。

通过上面这个简单的例子，可以了解松弛线性规划界限法中单个构件失效概率边界的基本概念。虽然，从式（6.28）和式（6.29）不难发现，在一个含 3 个二态构件的系统中，2 个构件的联合失效概率为等式，但是，当系统中构件个数多于 3 个时，2 个构件的联合失效概率就不会是等式而是不等式了。由于一般在系统中，建立在单个构件的失效概率条件上的可靠度边界一般都很大而失去了实用价值，我们将在下面例子中介绍建立在 2 个构件的联合失效概率条件上的可靠度边界。

（2）两个构件的联合失效概率的松弛边界

含有 4 个二态构件的系统的通用发生函数可表示为

$$U(z) = p_1 z^0 + p_2 z^{x_1} + p_3 z^{x_2} + p_4 z^{x_3} + p_5 z^{x_4}$$
$$+ p_6 z^{2x_1} + p_7 z^{2x_2} + p_8 z^{2x_3} + p_9 z^{2x_4} \qquad (6.32)$$
$$+ p_{10} z^{3x_1} + p_{11} z^{3x_2} + p_{12} z^{3x_3} + p_{13} z^{3x_4} + p_{14} z^{4x}$$

该系统一共有 $2^4 = 16$ 个基本 MECE 事件，它们可被表示为

$$e_1 = F_1 \bigcap F_2 \bigcap F_3 \bigcap F_4, \quad e_2 = \overline{F_1} \bigcap F_2 \bigcap F_3 \bigcap F_4,$$

$$e_3 = F_1 \bigcap \overline{F_2} \bigcap F_3 \bigcap F_4, \quad e_4 = F_1 \bigcap F_2 \bigcap \overline{F_3} \bigcap F_4,$$

$$e_5 = F_1 \bigcap F_2 \bigcap F_3 \bigcap \overline{F_4}, \quad e_6 = \overline{F_1} \bigcap \overline{F_2} \bigcap F_3 \bigcap F_4,$$

$$e_7 = \overline{F_1} \bigcap F_2 \bigcap \overline{F_3} \bigcap F_4, \quad e_8 = \overline{F_1} \bigcap F_2 \bigcap F_3 \bigcap \overline{F_4},$$

$$\tag{6.33}$$

$$e_9 = F_1 \bigcap \overline{F_2} \bigcap \overline{F_3} \bigcap F_4, \quad e_{10} = F_1 \bigcap \overline{F_2} \bigcap F_3 \bigcap \overline{F_4},$$

$$e_{11} = F_1 \bigcap F_2 \bigcap \overline{F_3} \bigcap \overline{F_4}, \quad e_{12} = \overline{F_1} \bigcap \overline{F_2} \bigcap \overline{F_3} \bigcap F_4,$$

$$e_{13} = \overline{F_1} \bigcap \overline{F_2} \bigcap F_3 \bigcap \overline{F_4}, \quad e_{14} = \overline{F_1} \bigcap F_2 \bigcap \overline{F_3} \bigcap \overline{F_4},$$

$$e_{15} = F_1 \bigcap \overline{F_2} \bigcap \overline{F_3} \bigcap \overline{F_4}, \quad e_{16} = \overline{F_1} \bigcap \overline{F_2} \bigcap \overline{F_3} \bigcap \overline{F_4}$$

通用发生函数中 $z^0, z^{4x}, z^{jx_i}(i=1,2,3,4,j=1,2,3)$，所表示的 MECE 事件与基本 MECE 之间的关系可以表示为

$$e(z^0) = e_1, \qquad\qquad e(z^{x_1}) = e_2,$$

$$e(z^{x_2}) = e_3, \qquad\qquad e(z^{x_3}) = e_4,$$

$$e(z^{x_4}) = e_5, \qquad\qquad e(z^{4x}) = e_{16},$$

$$e(z^{2x_1}) \subset (e_6 \bigcup e_7 \bigcup e_8), \quad e(z^{2x_2}) \subset (e_6 \bigcup e_9 \bigcup e_{10}), \tag{6.34}$$

$$e(z^{2x_3}) \subset (e_7 \bigcup e_9 \bigcup e_{11}), \quad e(z^{2x_4}) \subset (e_8 \bigcup e_{10} \bigcup e_{11}),$$

$$e(z^{3x_1}) \subset (e_{12} \bigcup e_{13} \bigcup e_{14}), \quad e(z^{3x_2}) \subset (e_{12} \bigcup e_{13} \bigcup e_{15}),$$

$$e(z^{3x_3}) \subset (e_{12} \bigcup e_{14} \bigcup e_{15}), \quad e(z^{3x_4}) \subset (e_{13} \bigcup e_{14} \bigcup e_{15})$$

其对应的概率关系可以表示为

$$p_1 = p_{m_1}, \qquad\qquad p_2 = p_{m_2},$$

$$p_3 = p_{m_3}, \qquad\qquad p_4 = p_{m_4},$$

$$p_5 = p_{m_5}, \qquad\qquad p_6 < p_{m_6} + p_{m_7} + p_{m_8},$$

$$p_7 < p_{m_6} + p_{m_9} + p_{m_{10}}, \quad p_8 < p_{m_7} + p_{m_9} + p_{m_{11}}, \tag{6.35}$$

$$p_9 < p_{m_8} + p_{m_{10}} + p_{m_{11}}, \quad p_{10} < p_{m_{12}} + p_{m_{13}} + p_{m_{14}},$$

$$p_{11} < p_{m_{12}} + p_{m_{13}} + p_{m_{15}}, \quad p_{12} < p_{m_{12}} + p_{m_{14}} + p_{m_{15}},$$

$$p_{13} < p_{m_{13}} + p_{m_{14}} + p_{m_{15}}, \quad p_{14} = p_{m_{16}}$$

进而，事件 $z^{jx_i}(i=1,2,3,4,j=1,2,3)$ 与基本的 MECE 事件之间的关系可表示为

$$(e(z^{x_1}) \bigcup e(z^{x_2}) \bigcup e(z^{x_3}) \bigcup e(z^{x_4})) = (e_2 \bigcup e_3 \bigcup e_4 \bigcup e_5),$$

$$(e(z^{2x_1}) \bigcup e(z^{2x_2}) \bigcup e(z^{2x_3}) \bigcup e(z^{2x_4})) = (e_6 \bigcup e_7 \bigcup e_8 \bigcup e_9 \bigcup e_{10} \bigcup e_{11}), \tag{6.36}$$

$$(e(z^{3x_1}) \bigcup e(z^{3x_2}) \bigcup e(z^{3x_3})) = (e_{12} \bigcup e_{13} \bigcup e_{14} \bigcup e_{15})$$

其对应的概率关系可以表示为

$$p_2 + p_3 + p_4 + p_5 = p_{m_2} + p_{m_3} + p_{m_4} + p_{m_5},$$

$$p_6 + p_7 + p_8 + p_9 = p_{m_6} + p_{m_7} + p_{m_8} + p_{m_9} + p_{m_{10}} + p_{m_{11}}, \tag{6.37}$$

$$p_{10} + p_{11} + p_{12} + p_{13} = p_{m_{12}} + p_{m_{13}} + p_{m_{14}} + p_{m_{15}}$$

我们还可以得到以下关系：

① 单个构件的失效概率可以表示为

$$P(F_1) = P_1 \begin{cases} > p_1 + p_3 + p_4 + p_5 \\ < p_1 + p_3 + p_4 + p_5 + p_7 + p_8 + p_9 + p_{11} + p_{12} + p_{13} \end{cases}$$

$$P(F_2) = P_2 \begin{cases} > p_1 + p_2 + p_4 + p_5 \\ < p_1 + p_2 + p_4 + p_5 + p_6 + p_8 + p_9 + p_{10} + p_{12} + p_{13} \end{cases}$$

$$P(F_3) = P_3 \begin{cases} > p_1 + p_2 + p_3 + p_5 \\ < p_1 + p_2 + p_3 + p_5 + p_6 + p_7 + p_9 + p_{10} + p_{11} + p_{13} \end{cases} \tag{6.38}$$

$$P(F_4) = P_4 \begin{cases} > p_1 + p_2 + p_3 + p_4 \\ < p_1 + p_2 + p_3 + p_4 + p_6 + p_7 + p_8 + p_{10} + p_{11} + p_{12} \end{cases}$$

与含 3 个二态构件的系统类似，$p_1 + p_3 + p_4 + p_5$ 为系统中除构件 1 外无构件幸存的状态所对应的概率；$p_6 + p_7 + p_8 + p_9$ 为系统中仅有 2 个构件幸存的状态所对应的概率；$p_{10} + p_{11} + p_{12} + p_{13}$ 为系统中仅有 3 个构件幸存的状态所对应的概率。从而，我们可以发现，P_1 大于 $p_1 + p_3 + p_4 + p_5$，但小于 $p_1 + p_3 + p_4 + p_5 + p_6 + p_7 + p_8 + p_9 + p_{10} + p_{11} + p_{12} + p_{13}$。由于 p_6 和 p_{10} 代表 z^{2x_1} 和 z^{3x_1} 所表示的系统状态的概率，也就是系统中有 2 个且包括构件 1 幸存时的部分状态所代表的概率，和系统中有 3 个且包括构件 1 幸存时的部分状态所代表的概率。因此，p_6 和 p_{10} 能从前述的不等式中移除。同理，其他不等式也能通过同样的方式推出。

② 2 个构件的联合失效概率可以表示为

$$P(F_1 \cap F_2) = P_{12} \begin{cases} > p_1 + p_4 + p_5 \\ < p_1 + p_4 + p_5 + p_8 + p_9 \end{cases}$$

$$P(F_1 \cap F_3) = P_{13} \begin{cases} > p_1 + p_3 + p_5 \\ < p_1 + p_3 + p_5 + p_7 + p_9 \end{cases}$$

$$P(F_1 \cap F_4) = P_{14} \begin{cases} > p_1 + p_3 + p_4 \\ < p_1 + p_3 + p_4 + p_7 + p_8 \end{cases}$$

$$P(F_2 \cap F_3) = P_{23} \begin{cases} > p_1 + p_2 + p_5 \\ < p_1 + p_2 + p_5 + p_6 + p_9 \end{cases} \tag{6.39}$$

$$P(F_2 \cap F_4) = P_{24} \begin{cases} > p_1 + p_2 + p_4 \\ < p_1 + p_2 + p_4 + p_6 + p_8 \end{cases}$$

$$P(F_3 \cap F_4) = P_{34} \begin{cases} > p_1 + p_2 + p_3 \\ < p_1 + p_2 + p_3 + p_6 + p_7 \end{cases}$$

式中，$p_1 + p_4 + p_5$ 为系统中除构件 3 和 4 外无构件幸存的状态所对应的概率；$p_6 + p_7 + p_8 + p_9$ 为系统中仅有 2 个构件幸存的状态所对应的概率。从而，我们可以发现，P_{12} 大于 $p_1 + p_4 + p_5$，但小于 $p_1 + p_3 + p_4 + p_5 + p_6 + p_7 + p_8 + p_9$。由于 p_6 和 p_7 代表 z^{2x_1} 和 z^{2x_2} 所表示的系统状态的概率，也就是系统中有 2 个且包括构件 1 幸存时的部分状态所代表的概率和系统中有 2 个且包括构件 2 幸存时的部分状态所代表的概率。因此，p_6 和 p_7 能从前述的不等式中移除。

同理，其他不等式也能通过同样的方式推出。

③ 3 个构件的联合失效概率可以表示为

$$
\begin{aligned}
P(F_1 \bigcap F_2 \bigcap F_3) &= P_{123} = p_1 + p_5 \\
P(F_1 \bigcap F_2 \bigcap F_4) &= P_{124} = p_1 + p_4 \\
P(F_1 \bigcap F_3 \bigcap F_4) &= P_{134} = p_1 + p_3 \\
P(F_2 \bigcap F_3 \bigcap F_4) &= P_{234} = p_1 + p_2
\end{aligned}
\tag{6.40}
$$

式中，$p_1 + p_5$ 为系统中除构件 4 外无构件幸存的状态所对应的概率，且可以发现其正好等于 P_{123}。

同理，其他等式也能通过同样的方式推出。

④ 4 个构件的联合失效概率可以表示为

$$
P(F_1 \bigcap F_2 \bigcap F_3 \bigcap F_4) = P_{1234} = p_1
\tag{6.41}
$$

⑤ 单个构件的失效概率之和可以表示为

$$
\begin{aligned}
& P(F_1) + P(F_2) + P(F_3) + P(F_4) \\
={}& P_1 + P_2 + P_3 + P_4 \\
={}& 4p_{m_1} + 3(p_{m_2} + p_{m_3} + p_{m_4} + p_{m_5}) \\
& + 2(p_{m_6} + p_{m_7} + p_{m_8} + p_{m_9} + p_{m_{10}} + p_{m_{11}}) \\
& + (p_{m_{12}} + p_{m_{13}} + p_{m_{14}} + p_{m_{15}}) \\
={}& \binom{4}{1} p_{m_1} + \binom{3}{1}(p_{m_2} + p_{m_3} + p_{m_4} + p_{m_5}) \\
& + \binom{2}{1}(p_{m_6} + p_{m_7} + p_{m_8} + p_{m_9} + p_{m_{10}} + p_{m_{11}}) \\
& + \binom{1}{1}(p_{m_{12}} + p_{m_{13}} + p_{m_{14}} + p_{m_{15}})
\end{aligned}
\tag{6.42}
$$

对比上述公式，可得

$$
\begin{aligned}
& P(F_1) + P(F_2) + P(F_3) + P(F_4) \\
&= \binom{4}{1} p_1 + \binom{3}{1}(p_2 + p_3 + p_4 + p_5) \\
&\quad + \binom{2}{1}(p_6 + p_7 + p_8 + p_9) \\
&\quad + \binom{1}{1}(p_{10} + p_{11} + p_{12} + p_{13})
\end{aligned}
\tag{6.43}
$$

⑥ 2 个构件的联合失效概率之和可以表示为

$$
\begin{aligned}
& P(F_{12}) + P(F_{13}) + P(F_{14}) + P(F_{23}) + P(F_{24}) + P(F_{34}) \\
&= P_{12} + P_{13} + P_{14} + P_{23} + P_{24} + P_{34} \\
&= 6 p_{m_1} + 3(p_{m_2} + p_{m_3} + p_{m_4} + p_{m_5}) \\
&\quad + p_{m_6} + p_{m_7} + p_{m_8} + p_{m_9} + p_{m_{10}} + p_{m_{11}} \\
&= \binom{4}{2} p_{m_1} + \binom{3}{2}(p_{m_2} + p_{m_3} + p_{m_4} + p_{m_5}) + \\
&\quad \binom{2}{2}(p_{m_6} + p_{m_7} + p_{m_8} + p_{m_9} + p_{m_{10}} + p_{m_{11}})
\end{aligned}
\tag{6.44}
$$

对比上述公式，可得

$$
\begin{aligned}
& P(F_{12}) + P(F_{13}) + P(F_{14}) + P(F_{23}) + P(F_{24}) + P(F_{34}) \\
&= \binom{4}{2} p_1 + \binom{3}{2}(p_2 + p_3 + p_4 + p_5) + \binom{2}{2}(p_6 + p_7 + p_8 + p_9)
\end{aligned}
\tag{6.45}
$$

通过上面这个简单的例子，我们不难发现，在一个含 4 个二态构件的系统中，3 个构件的联合失效概率为等式，但是，当系统中构件个数多于 4 个时，3 个构件的联合失效概率就不会是等式而是不等式了。由于一般在系统中，建立在单个构件的失效概率和 2 个构件的联合失效概率条件上的可靠度边界一般也还是很大而失去了实用价值，我们将在下面例子中介绍建立在 3 个构件的联合失效概率条件上的可靠度边界。

（3）3 个构件的联合失效概率的松弛边界

含有 5 个二态构件的系统的通用发生函数可表示为

$$
\begin{aligned}
U(z) &= p_1 z^0 + p_2 z^{x_1} + p_3 z^{x_2} + p_4 z^{x_3} + p_5 z^{x_4} + p_6 z^{x_5} \\
&\quad + p_7 z^{2x_1} + p_8 z^{2x_2} + p_9 z^{2x_3} + p_{10} z^{2x_4} + p_{11} z^{2x_5} \\
&\quad + p_{12} z^{3x_1} + p_{13} z^{3x_2} + p_{14} z^{3x_3} + p_{15} z^{3x_4} + p_{16} z^{3x_5} \\
&\quad + p_{17} z^{4x_1} + p_{18} z^{4x_2} + p_{19} z^{4x_3} + p_{20} z^{4x_4} + p_{21} z^{4x_5} + p_{22} z^{5x}
\end{aligned}
\tag{6.46}
$$

该系统一共有 $2^5 = 32$ 个基本 MECE 事件,它们可被表示为

$$
\begin{aligned}
&e_1 = F_1 \cap F_2 \cap F_3 \cap F_4 \cap F_5, && e_2 = \overline{F_1} \cap F_2 \cap F_3 \cap F_4 \cap F_5, \\
&e_3 = F_1 \cap \overline{F_2} \cap F_3 \cap F_4 \cap F_5, && e_4 = F_1 \cap F_2 \cap \overline{F_3} \cap F_4 \cap F_5, \\
&e_5 = F_1 \cap F_2 \cap F_3 \cap \overline{F_4} \cap F_5, && e_6 = F_1 \cap F_2 \cap F_3 \cap F_4 \cap \overline{F_5}, \\
&e_7 = \overline{F_1} \cap \overline{F_2} \cap F_3 \cap F_4 \cap F_5, && e_8 = \overline{F_1} \cap F_2 \cap \overline{F_3} \cap F_4 \cap F_5, \\
&e_9 = \overline{F_1} \cap F_2 \cap F_3 \cap \overline{F_4} \cap F_5, && e_{10} = \overline{F_1} \cap F_2 \cap F_3 \cap F_4 \cap \overline{F_5}, \\
&e_{11} = F_1 \cap \overline{F_2} \cap \overline{F_3} \cap F_4 \cap F_5, && e_{12} = F_1 \cap \overline{F_2} \cap F_3 \cap \overline{F_4} \cap F_5, \\
&e_{13} = F_1 \cap \overline{F_2} \cap F_3 \cap F_4 \cap \overline{F_5}, && e_{14} = F_1 \cap F_2 \cap \overline{F_3} \cap \overline{F_4} \cap F_5, \\
&e_{15} = F_1 \cap F_2 \cap \overline{F_3} \cap F_4 \cap \overline{F_5}, && e_{16} = F_1 \cap F_2 \cap F_3 \cap \overline{F_4} \cap \overline{F_5}, \\
&e_{17} = \overline{F_1} \cap \overline{F_2} \cap \overline{F_3} \cap F_4 \cap F_5, && e_{18} = \overline{F_1} \cap \overline{F_2} \cap F_3 \cap \overline{F_4} \cap F_5, \\
&e_{19} = \overline{F_1} \cap \overline{F_2} \cap F_3 \cap F_4 \cap \overline{F_5}, && e_{20} = \overline{F_1} \cap F_2 \cap \overline{F_3} \cap \overline{F_4} \cap F_5, \\
&e_{21} = \overline{F_1} \cap F_2 \cap \overline{F_3} \cap F_4 \cap \overline{F_5}, && e_{22} = \overline{F_1} \cap F_2 \cap F_3 \cap \overline{F_4} \cap \overline{F_5}, \\
&e_{23} = F_1 \cap \overline{F_2} \cap \overline{F_3} \cap \overline{F_4} \cap F_5, && e_{24} = F_1 \cap \overline{F_2} \cap \overline{F_3} \cap F_4 \cap \overline{F_5}, \\
&e_{25} = F_1 \cap \overline{F_2} \cap F_3 \cap \overline{F_4} \cap \overline{F_5}, && e_{26} = F_1 \cap F_2 \cap \overline{F_3} \cap \overline{F_4} \cap \overline{F_5}, \\
&e_{27} = \overline{F_1} \cap \overline{F_2} \cap \overline{F_3} \cap \overline{F_4} \cap F_5, && e_{28} = \overline{F_1} \cap \overline{F_2} \cap \overline{F_3} \cap F_4 \cap \overline{F_5}, \\
&e_{29} = \overline{F_1} \cap F_2 \cap F_3 \cap \overline{F_4} \cap \overline{F_5}, && e_{30} = \overline{F_1} \cap F_2 \cap \overline{F_3} \cap \overline{F_4} \cap \overline{F_5}, \\
&e_{31} = F_1 \cap \overline{F_2} \cap \overline{F_3} \cap \overline{F_4} \cap \overline{F_5}, && e_{32} = \overline{F_1} \cap \overline{F_2} \cap \overline{F_3} \cap \overline{F_4} \cap \overline{F_5}
\end{aligned} \tag{6.47}
$$

通用发生函数中 $z^0, z^{5x}, z^{jx_i}(i = 1,2,3,4,5, j = 1,2,3,4)$,所表示的 MECE 事件与基本 MECE 之间的关系可以表示为

$$
\begin{aligned}
&e(z^0) = e_1, && e(z^{x_1}) = e_2, \\
&e(z^{x_2}) = e_3, && e(z^{x_3}) = e_4, \\
&e(z^{x_4}) = e_5, && e(z^{x_5}) = e_6, \\
&e(z^{5x}) = e_{32}, \\
&e(z^{2x_1}) \subset (e_7 \cup e_8 \cup e_9 \cup e_{10}), && e(z^{2x_2}) \subset (e_7 \cup e_{11} \cup e_{12} \cup e_{13}), \\
&e(z^{2x_3}) \subset (e_8 \cup e_{11} \cup e_{14} \cup e_{15}), && e(z^{2x_4}) \subset (e_9 \cup e_{12} \cup e_{14} \cup e_{16}), \\
&e(z^{2x_5}) \subset (e_{10} \cup e_{13} \cup e_{15} \cup e_{16}), \\
&e(z^{3x_1}) \subset (e_{17} \cup e_{18} \cup e_{19} \cup e_{20} \cup e_{21} \cup e_{22}), && e(z^{3x_2}) \subset (e_{17} \cup e_{18} \cup e_{19} \cup e_{23} \cup e_{24} \cup e_{25}), \\
&e(z^{3x_3}) \subset (e_{17} \cup e_{20} \cup e_{21} \cup e_{23} \cup e_{24} \cup e_{26}), && e(z^{3x_4}) \subset (e_{18} \cup e_{20} \cup e_{22} \cup e_{23} \cup e_{25} \cup e_{26}), \\
&e(z^{3x_5}) \subset (e_{19} \cup e_{21} \cup e_{22} \cup e_{24} \cup e_{25} \cup e_{26}), \\
&e(z^{4x_1}) \subset (e_{27} \cup e_{28} \cup e_{29} \cup e_{30}), && e(z^{4x_2}) \subset (e_{27} \cup e_{28} \cup e_{29} \cup e_{31}), \\
&e(z^{4x_3}) \subset (e_{27} \cup e_{28} \cup e_{30} \cup e_{31}), && e(z^{4x_4}) \subset (e_{27} \cup e_{29} \cup e_{30} \cup e_{31}), \\
&e(z^{4x_5}) \subset (e_{28} \cup e_{29} \cup e_{30} \cup e_{31})
\end{aligned} \tag{6.48}
$$

其对应的概率关系可以表示为

$$p_1 = p_{m_1}, \qquad\qquad p_2 = p_{m_2},$$

$$p_3 = p_{m_3}, \qquad\qquad p_4 = p_{m_4},$$

$$p_5 = p_{m_5}, \qquad\qquad p_6 = p_{m_6},$$

$$p_7 < p_{m_7} + p_{m_8} + p_{m_9} + p_{m_{10}}, \qquad p_8 < p_{m_7} + p_{m_{11}} + p_{m_{12}} + p_{m_{13}},$$

$$p_9 < p_{m_8} + p_{m_{11}} + p_{m_{14}} + p_{m_{15}}, \qquad p_{10} < p_{m_9} + p_{m_{12}} + p_{m_{14}} + p_{m_{16}},$$

$$p_{11} < p_{m_{10}} + p_{m_{13}} + p_{m_{15}} + p_{m_{16}}, \tag{6.49}$$

$$p_{12} < p_{m_{17}} + p_{m_{18}} + p_{m_{19}} + p_{m_{20}} + p_{m_{21}} + p_{m_{22}}, \quad p_{13} < p_{m_{17}} + p_{m_{18}} + p_{m_{19}} + p_{m_{23}} + p_{m_{24}} + p_{m_{25}},$$

$$p_{14} < p_{m_{17}} + p_{m_{20}} + p_{m_{21}} + p_{m_{23}} + p_{m_{24}} + p_{m_{26}}, \quad p_{15} < p_{m_{18}} + p_{m_{20}} + p_{m_{22}} + p_{m_{23}} + p_{m_{25}} + p_{m_{26}},$$

$$p_{16} < p_{m_{19}} + p_{m_{21}} + p_{m_{22}} + p_{m_{24}} + p_{m_{25}} + p_{m_{26}},$$

$$p_{17} < p_{m_{27}} + p_{m_{28}} + p_{m_{29}} + p_{m_{30}}, \qquad p_{18} < p_{m_{27}} + p_{m_{28}} + p_{m_{29}} + p_{m_{31}},$$

$$p_{19} < p_{m_{27}} + p_{m_{28}} + p_{m_{30}} + p_{m_{31}}, \qquad p_{20} < p_{m_{27}} + p_{m_{29}} + p_{m_{30}} + p_{m_{31}},$$

$$p_{21} < p_{m_{28}} + p_{m_{29}} + p_{m_{30}} + p_{m_{31}}, \qquad p_{22} = p_{m_{32}}$$

进而，事件 z^{jx_i} ($i=1,2,3,4,5$, $j=1,2,3,4$)，与基本的 MECE 事件之间的关系可表示为

$$(e(z^{x_1}) \bigcup e(z^{x_2}) \bigcup e(z^{x_3}) \bigcup e(z^{x_4}) \bigcup e(z^{x_5}))$$
$$= (e_2 \bigcup e_3 \bigcup e_4 \bigcup e_5 \bigcup e_6),$$
$$(e(z^{2x_1}) \bigcup e(z^{2x_2}) \bigcup e(z^{2x_3}) \bigcup e(z^{2x_4}) \bigcup e(z^{2x_5}))$$
$$= (e_7 \bigcup e_8 \bigcup e_9 \bigcup e_{10} \bigcup e_{11} \bigcup e_{12} \bigcup e_{13} \bigcup e_{14} \bigcup e_{15} \bigcup e_{16}),$$
$$(e(z^{3x_1}) \bigcup e(z^{3x_2}) \bigcup e(z^{3x_3}) \bigcup e(z^{3x_4}) \bigcup e(z^{3x_5})) \tag{6.50}$$
$$= (e_{17} \bigcup e_{18} \bigcup e_{19} \bigcup e_{20} \bigcup e_{21} \bigcup e_{22} \bigcup e_{23} \bigcup e_{24} \bigcup e_{25} \bigcup e_{26}),$$
$$(e(z^{4x_1}) \bigcup e(z^{4x_2}) \bigcup e(z^{4x_3}) \bigcup e(z^{4x_4}) \bigcup e(z^{4x_5}))$$
$$= (e_{27} \bigcup e_{28} \bigcup e_{29} \bigcup e_{30} \bigcup e_{31})$$

其对应的概率关系可以表示为

$$p_2 + p_3 + p_4 + p_5 + p_6 = p_{m_2} + p_{m_3} + p_{m_4} + p_{m_5} + p_{m_6},$$

$$p_7 + p_8 + p_9 + p_{10} + p_{11} = p_{m_7} + p_{m_8} + p_{m_9} + p_{m_{10}} + p_{m_{11}} + p_{m_{12}} + p_{m_{13}} + p_{m_{14}} + p_{m_{15}} + p_{m_{16}},$$

$$\tag{6.51}$$

$$p_{12} + p_{13} + p_{14} + p_{15} + p_{16} = p_{m_{17}} + p_{m_{18}} + p_{m_{19}} + p_{m_{20}} + p_{m_{21}} + p_{m_{22}} + p_{m_{23}} + p_{m_{24}} + p_{m_{25}} + p_{m_{26}},$$

$$p_{17} + p_{18} + p_{19} + p_{20} + p_{21} = p_{m_{27}} + p_{m_{28}} + p_{m_{29}} + p_{m_{30}} + p_{m_{31}}$$

我们还可以得到以下关系：

① 单个构件的失效概率可以表示为

$$P(F_1) = P_1 \begin{cases} > p_1 + p_3 + p_4 + p_5 + p_6 \\ < p_1 + p_3 + p_4 + p_5 + p_6 \\ + p_8 + p_9 + p_{10} + p_{11} + p_{13} + p_{14} + p_{15} + p_{16} + p_{18} + p_{19} + p_{20} + p_{21} \end{cases}$$

$$P(F_2) = P_2 \begin{cases} > p_1 + p_2 + p_4 + p_5 + p_6 \\ < p_1 + p_2 + p_4 + p_5 + p_6 \\ + p_7 + p_9 + p_{10} + p_{11} + p_{12} + p_{14} + p_{15} + p_{16} + p_{17} + p_{19} + p_{20} + p_{21} \end{cases}$$

$$P(F_3) = P_3 \begin{cases} > p_1 + p_2 + p_3 + p_5 + p_6 \\ < p_1 + p_2 + p_3 + p_5 + p_6 \\ + p_7 + p_8 + p_{10} + p_{11} + p_{12} + p_{13} + p_{15} + p_{16} + p_{17} + p_{18} + p_{20} + p_{21} \end{cases} \qquad (6.52)$$

$$P(F_4) = P_4 \begin{cases} > p_1 + p_2 + p_3 + p_4 + p_6 \\ < p_1 + p_2 + p_3 + p_4 + p_6 \\ + p_7 + p_8 + p_9 + p_{11} + p_{12} + p_{13} + p_{14} + p_{16} + p_{17} + p_{18} + p_{19} + p_{21} \end{cases}$$

$$P(F_5) = P_5 \begin{cases} > p_1 + p_2 + p_3 + p_4 + p_5 \\ < p_1 + p_2 + p_3 + p_4 + p_5 \\ + p_7 + p_8 + p_9 + p_{10} + p_{12} + p_{13} + p_{14} + p_{15} + p_{17} + p_{18} + p_{19} + p_{20} \end{cases}$$

与含 3 个二态构件的系统类似，$p_1 + p_3 + p_4 + p_5 + p_6$ 为系统中除构件 1 外无构件幸存的状态所对应的概率；$p_7 + p_8 + p_9 + p_{10} + p_{11}$ 为系统中仅有 2 个构件幸存的状态所对应的概率；$p_{12} + p_{13} + p_{14} + p_{15} + p_{16}$ 为系统中仅有 3 个构件幸存的状态所对应的概率；$p_{17} + p_{18} + p_{19} + p_{20} + p_{21}$ 为系统中仅有 4 个构件幸存的状态所对应的概率。从而，我们可以发现，P_1 大于 $p_1 + p_3 + p_4 + p_5 + p_6$，但小于 $p_1 + p_3 + p_4 + p_5 + p_6 + p_7 + p_8 + p_9 + p_{10} + p_{11} + p_{12} + p_{13} + p_{14} + p_{15} + p_{16} + p_{17} + p_{18} + p_{19} + p_{20} + p_{21}$。由于 p_7，p_{10} 和 p_{11} 分别代表 z^{2x_1}、z^{3x_1} 和 z^{4x_1} 所表示的系统状态的概率，也就是系统中有 2 个且包括构件 1 幸存时的部分状态所代表的概率、系统中有 3 个且包括构件 1 幸存时的部分状态所代表的概率和系统中有 4 个且包括构件 1 幸存时的部分状态所代表的概率。因此，p_7，p_{12} 和 p_{17} 能从前述的不等式中移除。

同理，其他不等式也能通过同样的方式推出。

② 2 个构件的联合失效概率可以表示为

$$P(F_1 \bigcap F_2) = P_{12} \begin{cases} > p_1 + p_4 + p_5 + p_6 \\ < p_1 + p_4 + p_5 + p_6 + p_9 + p_{10} + p_{11} + p_{14} + p_{15} + p_{16} \end{cases}$$

$$P(F_1 \bigcap F_3) = P_{13} \begin{cases} > p_1 + p_3 + p_5 + p_6 \\ < p_1 + p_3 + p_5 + p_6 + p_8 + p_{10} + p_{11} + p_{13} + p_{15} + p_{16} \end{cases}$$

$$P(F_1 \bigcap F_4) = P_{14} \begin{cases} > p_1 + p_3 + p_4 + p_6 \\ < p_1 + p_3 + p_4 + p_6 + p_8 + p_9 + p_{11} + p_{13} + p_{14} + p_{16} \end{cases}$$

$$P(F_1 \bigcap F_5) = P_{15} \begin{cases} > p_1 + p_3 + p_4 + p_5 \\ < p_1 + p_3 + p_4 + p_5 + p_8 + p_9 + p_{10} + p_{13} + p_{14} + p_{15} \end{cases}$$

$$P(F_2 \bigcap F_3) = P_{23} \begin{cases} > p_1 + p_2 + p_5 + p_6 \\ < p_1 + p_2 + p_5 + p_6 + p_7 + p_{10} + p_{11} + p_{12} + p_{15} + p_{16} \end{cases}$$

$$P(F_2 \bigcap F_4) = P_{24} \begin{cases} > p_1 + p_2 + p_4 + p_6 \\ < p_1 + p_2 + p_4 + p_6 + p_7 + p_9 + p_{11} + p_{12} + p_{14} + p_{16} \end{cases} \qquad (6.53)$$

$$P(F_2 \bigcap F_5) = P_{25} \begin{cases} > p_1 + p_2 + p_4 + p_5 \\ < p_1 + p_2 + p_4 + p_5 + p_7 + p_9 + p_{10} + p_{12} + p_{14} + p_{15} \end{cases}$$

$$P(F_3 \bigcap F_4) = P_{34} \begin{cases} > p_1 + p_2 + p_3 + p_6 \\ < p_1 + p_2 + p_3 + p_6 + p_7 + p_8 + p_{11} + p_{12} + p_{13} + p_{16} \end{cases}$$

$$P(F_3 \bigcap F_5) = P_{35} \begin{cases} > p_1 + p_2 + p_3 + p_5 \\ < p_1 + p_2 + p_3 + p_5 + p_7 + p_8 + p_{10} + p_{12} + p_{13} + p_{15} \end{cases}$$

$$P(F_4 \bigcap F_5) = P_{45} \begin{cases} > p_1 + p_2 + p_3 + p_4 \\ < p_1 + p_2 + p_3 + p_4 + p_7 + p_8 + p_9 + p_{12} + p_{13} + p_{14} \end{cases}$$

$p_1 + p_4 + p_5 + p_6$ 为系统中除构件 3、4 和 5 外无构件幸存的状态所对应的概率；$p_7 + p_8 + p_9 + p_{10} + p_{11}$ 为系统中仅有 2 个构件幸存的状态所对应的概率；$p_{12} + p_{13} + p_{14} + p_{15} + p_{16}$ 为系统中仅有 3 个构件幸存的状态所对应的概率。从而，我们可以发现，P_{12} 大于 $p_1 + p_4 + p_5 + p_6$，但小于 $p_1 + p_4 + p_5 + p_6 + p_7 + p_8 + p_9 + p_{10} + p_{11} + p_{12} + p_{13} + p_{14} + p_{15} + p_{16}$。由于 p_7 和 p_8 代表 z^{2x_1} 和 z^{2x_2} 所表示的系统状态的概率，也就是系统中有 2 个且包括构件 1 幸存时的部分状态所代表的概率，和系统中有 2 个且包括构件 2 幸存时的部分状态所代表的概率。因此，p_7 和 p_8 能从前述的不等式中移除，p_{12} 和 p_{13} 能从前述的不等式中移除。

同理,其他不等式也能通过同样的方式推出。

③ 3 个构件的联合失效概率可以表示为

$$P(F_1 \bigcap F_2 \bigcap F_3) = P_{123} \begin{cases} > p_1 + p_5 + p_6 \\ < p_1 + p_5 + p_6 + p_{10} + p_{11} \end{cases}$$

$$P(F_1 \bigcap F_2 \bigcap F_4) = P_{124} \begin{cases} > p_1 + p_4 + p_6 \\ < p_1 + p_4 + p_6 + p_9 + p_{11} \end{cases}$$

$$P(F_1 \bigcap F_2 \bigcap F_5) = P_{125} \begin{cases} > p_1 + p_4 + p_5 \\ < p_1 + p_4 + p_5 + p_9 + p_{10} \end{cases}$$

$$P(F_1 \bigcap F_3 \bigcap F_4) = P_{134} \begin{cases} > p_1 + p_3 + p_6 \\ < p_1 + p_3 + p_6 + p_8 + p_{11} \end{cases}$$

$$P(F_1 \bigcap F_3 \bigcap F_5) = P_{135} \begin{cases} > p_1 + p_3 + p_5 \\ < p_1 + p_3 + p_5 + p_8 + p_{10} \end{cases}$$

$$P(F_1 \bigcap F_4 \bigcap F_5) = P_{145} \begin{cases} > p_1 + p_3 + p_4 \\ < p_1 + p_3 + p_4 + p_8 + p_9 \end{cases} \tag{6.54}$$

$$P(F_2 \bigcap F_3 \bigcap F_4) = P_{234} \begin{cases} > p_1 + p_2 + p_6 \\ < p_1 + p_2 + p_6 + p_7 + p_{11} \end{cases}$$

$$P(F_2 \bigcap F_3 \bigcap F_5) = P_{235} \begin{cases} > p_1 + p_2 + p_5 \\ < p_1 + p_2 + p_5 + p_7 + p_{10} \end{cases}$$

$$P(F_2 \bigcap F_4 \bigcap F_5) = P_{245} \begin{cases} > p_1 + p_2 + p_4 \\ < p_1 + p_2 + p_4 + p_7 + p_9 \end{cases}$$

$$P(F_3 \bigcap F_4 \bigcap F_5) = P_{345} \begin{cases} > p_1 + p_2 + p_3 \\ < p_1 + p_2 + p_3 + p_7 + p_8 \end{cases}$$

$p_1 + p_5 + p_6$ 为系统中除构件 4 和 5 外无构件幸存的状态所对应的概率;$p_7 + p_8 + p_9 + p_{10} + p_{11}$ 为系统中仅有 2 个构件幸存的状态所对应的概率。从而,我们可以发现,P_{123} 大于 $p_1 + p_5 + p_6$,但小于 $p_1 + p_4 + p_5 + p_6 + p_7 + p_8 + p_9 + p_{10} + p_{11}$。由于 p_7,p_8 和 p_9 分别代表 z^{2x_1}、z^{2x_2} 和 z^{2x_3} 所表示的系统状态的概率,也就是系统中有 2 个且包括构件 1 幸存时的部分状态所代表的概率、系统中有 2 个且包括构件 2 幸存时的部分状态所代表的概率和系统中有两个且包括构件 3 幸存时的部分状态所代表的概率。因此,p_7,p_8 和 p_9 能从前述的不等式中移除。

同理,其他不等式也能通过同样的方式推出。

④ 4 个构件的联合失效概率可以表示为

$$P(F_1 \cap F_2 \cap F_3 \cap F_4) = P_{1234} = p_1 + p_6$$
$$P(F_1 \cap F_2 \cap F_3 \cap F_5) = P_{1235} = p_1 + p_5$$
$$P(F_1 \cap F_2 \cap F_4 \cap F_5) = P_{1245} = p_1 + p_4 \quad (6.55)$$
$$P(F_1 \cap F_3 \cap F_4 \cap F_5) = P_{1345} = p_1 + p_3$$
$$P(F_2 \cap F_3 \cap F_4 \cap F_5) = P_{2345} = p_1 + p_2$$

式中,$p_1 + p_6$ 为系统中除构件 5 外无构件幸存的状态所对应的概率,且可以发现其正好等于 P_{1234}。

同理,其他等式也能通过同样的方式推出。

⑤ 5 个构件的联合失效概率可以表示为

$$P(F_1 \cap F_2 \cap F_3 \cap F_4 \cap F_5) = P_{12345} = p_1 \quad (6.56)$$

⑥ 单个构件的失效概率之和可以表示为

$$P(F_1) + P(F_2) + P(F_3) + P(F_4) + P(F_5)$$
$$= P_1 + P_2 + P_3 + P_4 + P_5$$
$$= 5p_{m_1} + 4(p_{m_2} + p_{m_3} + p_{m_4} + p_{m_5} + p_{m_6})$$
$$+ 3(p_{m_7} + p_{m_8} + p_{m_9} + p_{m_{10}} + p_{m_{11}} + p_{m_{12}} + p_{m_{13}} + p_{m_{14}} + p_{m_{15}} + p_{m_{16}})$$
$$+ 2(p_{m_{17}} + p_{m_{18}} + p_{m_{19}} + p_{m_{20}} + p_{m_{21}} + p_{m_{22}} + p_{m_{23}} + p_{m_{24}} + p_{m_{25}} + p_{m_{26}})$$
$$+ p_{m_{27}} + p_{m_{28}} + p_{m_{29}} + p_{m_{30}} + p_{m_{31}}$$
$$= \binom{5}{1}p_{m_1} + \binom{4}{1}(p_{m_2} + p_{m_3} + p_{m_4} + p_{m_5} + p_{m_6})$$
$$+ \binom{3}{1}(p_{m_7} + p_{m_8} + p_{m_9} + p_{m_{10}} + p_{m_{11}} + p_{m_{12}} + p_{m_{13}} + p_{m_{14}} + p_{m_{15}} + p_{m_{16}})$$
$$+ \binom{2}{1}(p_{m_{17}} + p_{m_{18}} + p_{m_{19}} + p_{m_{20}} + p_{m_{21}} + p_{m_{22}} + p_{m_{23}} + p_{m_{24}} + p_{m_{25}} + p_{m_{26}})$$
$$+ \binom{1}{1}(p_{m_{27}} + p_{m_{28}} + p_{m_{29}} + p_{m_{30}} + p_{m_{31}})$$

$$(6.57)$$

对比上述公式,可得

$$P(F_1) + P(F_2) + P(F_3) + P(F_4) + P(F_5)$$

$$
\begin{aligned}
= & \binom{5}{1} p_1 + \binom{4}{1} (p_2 + p_3 + p_4 + p_5 + p_6) \\
& + \binom{3}{1} (p_7 + p_8 + p_9 + p_{10} + p_{11}) \\
& + \binom{2}{1} (p_{12} + p_{13} + p_{14} + p_{15} + p_{16}) \\
& + \binom{1}{1} (p_{17} + p_{18} + p_{19} + p_{20} + p_{21})
\end{aligned}
\tag{6.58}
$$

⑦ 2 个构件的失效概率之和可以表示为

$$
\begin{aligned}
& P(F_{12}) + P(F_{13}) + P(F_{14}) + P(F_{15}) + P(F_{23}) \\
& + P(F_{24}) + P(F_{25}) + P(F_{34}) + P(F_{35}) + P(F_{45}) \\
= & P_{12} + P_{13} + P_{14} + P_{15} + P_{23} + P_{24} + P_{25} + P_{34} + P_{35} + P_{45} \\
= & 10 p_{m_1} + 6 (p_{m_2} + p_{m_3} + p_{m_4} + p_{m_5} + p_{m_6}) \\
& + 3 (p_{m_7} + p_{m_8} + p_{m_9} + p_{m_{10}} + p_{m_{11}} + p_{m_{12}} + p_{m_{13}} + p_{m_{14}} + p_{m_{15}} + p_{m_{16}}) \\
& + p_{m_{17}} + p_{m_{18}} + p_{m_{19}} + p_{m_{20}} + p_{m_{21}} + p_{m_{22}} + p_{m_{23}} + p_{m_{24}} + p_{m_{25}} + p_{m_{26}} \\
= & \binom{5}{2} p_{m_1} + \binom{4}{2} (p_{m_2} + p_{m_3} + p_{m_4} + p_{m_5} + p_{m_6}) \\
& + \binom{3}{2} (p_{m_7} + p_{m_8} + p_{m_9} + p_{m_{10}} + p_{m_{11}} + p_{m_{12}} + p_{m_{13}} + p_{m_{14}} + p_{m_{15}} + p_{m_{16}}) \\
& + \binom{2}{2} (p_{m_{17}} + p_{m_{18}} + p_{m_{19}} + p_{m_{20}} + p_{m_{21}} + p_{m_{22}} + p_{m_{23}} + p_{m_{24}} + p_{m_{25}} + p_{m_{26}})
\end{aligned}
\tag{6.59}
$$

对比上述公式，可得

$$
\begin{aligned}
& P(F_{12}) + P(F_{13}) + P(F_{14}) + P(F_{15}) + P(F_{23}) \\
& + P(F_{24}) + P(F_{25}) + P(F_{34}) + P(F_{35}) + P(F_{45}) \\
= & \binom{5}{2} p_1 + \binom{4}{2} (p_2 + p_3 + p_4 + p_5 + p_6) \\
& + \binom{3}{2} (p_7 + p_8 + p_9 + p_{10} + p_{11}) \\
& + \binom{2}{2} (p_{12} + p_{13} + p_{14} + p_{15} + p_{16})
\end{aligned}
\tag{6.60}
$$

⑧ 3 个构件的失效概率之和可以表示为

$$P(F_{123}) + P(F_{124}) + P(F_{125}) + P(F_{134}) + P(F_{135})$$
$$+ P(F_{145}) + P(F_{234}) + P(F_{235}) + P(F_{245}) + P(F_{345})$$
$$= P_{123} + P_{124} + P_{125} + P_{134} + P_{135} + P_{145} + P_{234} + P_{235} + P_{245} + P_{345}$$
$$= 10 p_{m_1} + 4(p_{m_2} + p_{m_3} + p_{m_4} + p_{m_5} + p_{m_6})$$
$$+ (p_{m_7} + p_{m_8} + p_{m_9} + p_{m_{10}} + p_{m_{11}} + p_{m_{12}} + p_{m_{13}} + p_{m_{14}} + p_{m_{15}} + p_{m_{16}}) \tag{6.61}$$
$$= \binom{5}{3} p_{m_1} + \binom{4}{3}(p_{m_2} + p_{m_3} + p_{m_4} + p_{m_5} + p_{m_6})$$
$$+ \binom{3}{3}(p_{m_7} + p_{m_8} + p_{m_9} + p_{m_{10}} + p_{m_{11}} + p_{m_{12}} + p_{m_{13}} + p_{m_{14}} + p_{m_{15}} + p_{m_{16}})$$

对比上述公式,可得

$$P(F_{123}) + P(F_{124}) + P(F_{125}) + P(F_{134}) + P(F_{135})$$
$$+ P(F_{145}) + P(F_{234}) + P(F_{235}) + P(F_{245}) + P(F_{345})$$
$$= \binom{5}{3} p_1 + \binom{4}{3}(p_2 + p_3 + p_4 + p_5 + p_6) + \binom{3}{3}(p_7 + p_8 + p_9 + p_{10} + p_{11}) \tag{6.62}$$

通过上面这个简单的例子,我们不难发现,在一个含5个二态构件的系统中,4个构件的联合失效概率为等式,但是,当系统中构件个数多于5个时,4个构件的联合失效概率就不会是等式而是不等式了。

6.2.3 约束条件的通用公式

对于一个含有 n 个二态构件的系统,假设其单个构件的失效概率为 $P(F_i)$,$i = 1, 2, \cdots, n$,则其在松弛线性规划界限法中的约束条件可以表示为

$$P(F_i) = P_i \begin{cases} > p_1 + \sum_{j=2}^{n+1} p_j - p_{i+1} \\ < p_1 + \sum_{j=2}^{n+1} p_j - p_{i+1} + \sum_{j=n+2}^{2n+1} p_j - p_{n+i+1} + \cdots + \sum_{j=(n-2)n+2}^{(n-1)n+1} p_j - p_{(n-2)n+i+1} \end{cases} \tag{6.63}$$

单个构件的失效概率之和可以表示为

$$\sum_{i=1}^{n} P(F_i)$$
$$= \binom{n}{1} p_1 + \binom{n-1}{1}(p_2 + p_3 + \cdots + p_{n+1})$$
$$+ \binom{n-2}{1}(p_{n+2} + p_{n+3} + \cdots + p_{2n+1})$$
$$+ \binom{n-3}{1}(p_{2n+2} + p_{2n+3} + \cdots + p_{3n+1}) + \cdots$$
$$+ \binom{1}{1}(p_{(n-2)n+2} + p_{(n-2)n+3} + \cdots + p_{(n-1)n+1}) \tag{6.64}$$

假设其 2 个构件的联合失效概率为 $P(F_i \bigcap F_j), i = 1, 2, \cdots, n-1, j = 2, 3, \cdots, n, i < j$，则其在松弛线性规划界限法中的约束条件可以表示为

$$P(F_i \bigcap F_j) = P_{ij} \begin{cases} > p_1 + \sum_{k=2}^{n+1} p_k - p_{i+1} - p_{j+1} \\ < p_1 + \sum_{k=2}^{n+1} p_k - p_{i+1} - p_{j+1} + \sum_{k=n+2}^{2n+1} p_k - p_{n+i+1} - p_{n+j+1} + \cdots \\ \quad + \sum_{k=(n-3)n+2}^{(n-2)n+1} p_k - p_{(n-3)n+i+1} - p_{(n-3)n+j+1} \end{cases} \quad (6.65)$$

2 个构件的联合失效概率之和可以表示为

$$\begin{aligned} &\sum_{i=1}^{n-1} \sum_{j=2}^{n} P(F_i \bigcap F_j) \\ &= \binom{n}{2} p_1 + \binom{n-1}{2}(p_2 + p_3 + \cdots + p_{n+1}) \\ &\quad + \binom{n-2}{2}(p_{n+2} + p_{n+3} + \cdots + p_{2n+1}) \\ &\quad + \binom{n-3}{2}(p_{2n+2} + p_{2n+3} + \cdots + p_{3n+1}) + \cdots \\ &\quad + \binom{2}{2}(p_{(n-3)n+2} + p_{(n-3)n+3} + \cdots + p_{(n-2)n+1}) \end{aligned} \quad (6.66)$$

假设其 3 个构件的联合失效概率为 $P(F_i \bigcap F_j \bigcap F_k), i = 1, 2, \cdots, n-2, j = 2, 3, \cdots, n-1, k = 3, 4, \cdots, n, i < j < k$，则其在松弛线性规划界限法中的约束条件可以表示为

$$P(F_i \bigcap F_j \bigcap F_k) = P_{ijk} \begin{cases} > p_1 + \sum_{l=2}^{n+1} p_l - p_{i+1} - p_{j+1} - p_{k+1} \\ < p_1 + \sum_{l=2}^{n+1} p_l - p_{i+1} - p_{j+1} - p_{k+1} \\ \quad + \sum_{l=n+2}^{2n+1} p_l - p_{n+i+1} - p_{n+j+1} - p_{n+k+1} + \cdots \\ \quad + \sum_{l=(n-4)n+2}^{(n-3)n+1} p_l - p_{(n-3)n+i+1} - p_{(n-3)n+j+1} - p_{(n-3)n+k+1} \end{cases} \quad (6.67)$$

3 个构件的联合失效概率之和可以表示为

$$\sum_{i=1}^{n-2} \sum_{j=2}^{n-1} \sum_{k=3}^{n} P(F_i \cap F_j \cap F_k)$$

$$= \binom{n}{3} p_1 + \binom{n-1}{3} (p_2 + p_3 + \cdots + p_{n+1})$$

$$+ \binom{n-2}{3} (p_{n+2} + p_{n+3} + \cdots + p_{2n+1}) \tag{6.68}$$

$$+ \binom{n-3}{3} (p_{2n+2} + p_{2n+3} + \cdots + p_{3n+1}) + \cdots$$

$$+ \binom{3}{3} (p_{(n-4)n+2} + p_{(n-4)n+3} + \cdots + p_{(n-3)n+1})$$

同理,我们可以获得 k 个构件的联合失效概率在松弛线性规划界限法中的约束条件的表达式。

从前面的例子,我们还可以发现,当系统中构件总数为 $n = 2+1 = 3$ 时,2 个构件的联合失效概率在松弛线性规划界限法中的约束条件的表达式并不是不等式,而是一个等式

$$P(F_i \cap F_j) = p_1 + \sum_{k=2}^{n+1} p_k - p_{i+1} - p_{j+1} \tag{6.69}$$

同理,当系统中构件总数为 $n = 3+1 = 4$ 时,3 个构件的联合失效概率在松弛线性规划界限法中的约束条件的表达式并不是不等式,而是一个等式

$$P(F_i \cap F_j \cap F_k) = p_1 + \sum_{l=2}^{n+1} p_l - p_{i+1} - p_{j+1} - p_{k+1} \tag{6.70}$$

即,在含 $n = k+1$ 个构件的系统中,k 个构件的联合失效概率在松弛线性规划界限法中的约束条件的表达式并不是不等式,而是一个等式。

当已知 k 个构件的所有联合失效概率时,其约束条件中,不等式的数量总数为

$$2\left[\binom{n}{1} + \binom{n}{2} + \cdots + \binom{n}{k}\right] \tag{6.71}$$

同时,如前面单个构件的失效概率之和,当已知 k 个构件的所有联合失效概率,还可以获得 k 个等式。松弛线性规划界限法中的每个变量还必须满足概率的基本定理[式(6.20)和式(6.21)],从而松弛线性规划界限法中约束条件的数量个数为

$$n_c = (n^2 - n + 3) + 2\left[\binom{n}{1} + \binom{n}{2} + \cdots + \binom{n}{k}\right] + k \tag{6.72}$$

上述相关内容的程序可通过 MATLAB 软件实现。其中,关于 MATLAB 相关知识的简单介绍详见附录 A,关于该约束条件的求解子程序详见附录 C。

6.3 算 例

6.3.1 算例 1：含 7 个构件的桁架

考虑一个如图 6.3 所示的桁架结构，假设该桁架上所受的外力为 $S = 100(\mathrm{SI})$。很明显，这是一个典型的静定结构，结构中任何一个构件的失效都将引起这个结构的失效，也就是所谓的串联结构。为了计算的方便，这里暂不考虑构件的屈曲现象。假设构件的拉应力或压应力服从联合正态分布，并可表示为 $X_i, i = 1, 2, \cdots, 7$，则根据该桁架的受力特点，其内力分布见图 6.3 所示。

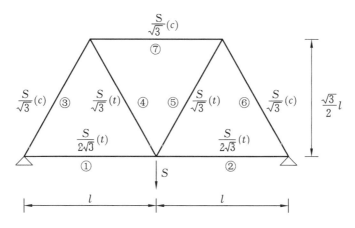

图 6.3 含 7 个二态构件的桁架

该桁架的单个构件的失效概率可表示为

$$F_i = \{X_i \leqslant S/2\sqrt{3}\}, \quad i = 1, 2 \tag{6.73}$$

$$F_i = \{X_i \leqslant S/\sqrt{3}\}, \quad i = 3, 4, 5, 6, 7 \tag{6.74}$$

此时，假设随机变量 X_1 和 X_2 的均值和标准差分别为 100 和 20，随机变量 $X_3 \sim X_7$ 的均值和标准差分别为 20 和 40，则构件的失效概率可表示为

$$P_i = P(F_i) = \Phi\left(\frac{100/2\sqrt{3} - 100}{20}\right) = 1.88 \times 10^{-4}; i = 1, 2$$

$$\tag{6.75}$$

$$P_i = P(F_i) = \Phi\left(\frac{100/\sqrt{3} - 100}{40}\right) = 1.88 \times 10^{-4}; i = 3, 4, \cdots, 7$$

式中，$\Phi(\cdot)$ 表示正态分布函数。

假设 X_i 具有 Dunnet-Sobel(DS) 系数矩阵 $\boldsymbol{R} \equiv [\rho_{ij}]$，也就是 $\rho_{ij} = r_i r_j, i \neq j, \rho_{ii} = 1$，从而可以得到 k 个构件的联合失效概率为

$$P_{12\cdots k} = P(\bigcap_{i=1}^{k} F_i)$$

$$= \Phi_k(\beta_1, \beta_2, \cdots, \beta_k; \boldsymbol{R}) \qquad (6.76)$$

$$= \int_{-\infty}^{\infty} \left[\phi(t) \prod_{i=1}^{k} \Phi\left(\frac{\beta_i - r_i t}{\sqrt{1 - r_i^2}} \right) \right] \mathrm{d}t$$

式中,$\Phi_k(\beta_1, \beta_2, \cdots, \beta_k; \boldsymbol{R})$ 表示 k 个构件的联合正态分布函数,其相关系数为 $\boldsymbol{R} \equiv [\rho_{ij}]$;$\phi(\bullet)$ 表示正态分布概率密度函数。

(1) 单个构件具有相同的失效概率时

假设 $r_1 = 0.90, r_2 = 0.96, r_3 = 0.91, r_4 = 0.95, r_5 = 0.92, r_6 = 0.94, r_7 = 0.93$,则 2 个构件的联合失效概率为

$P_{12} = 5.73 \times 10^{-5}, P_{13} = 4.35 \times 10^{-5}, P_{14} = 5.42 \times 10^{-5}, P_{15} = 4.59 \times 10^{-5}$,

$P_{16} = 5.13 \times 10^{-5}, P_{17} = 4.85 \times 10^{-5}, P_{23} = 6.08 \times 10^{-5}, P_{24} = 7.79 \times 10^{-5}$,

$P_{25} = 6.47 \times 10^{-5}, P_{26} = 7.42 \times 10^{-5}, P_{27} = 6.87 \times 10^{-5}, P_{34} = 5.75 \times 10^{-5}$,

$P_{35} = 4.86 \times 10^{-5}, P_{36} = 5.43 \times 10^{-5}, P_{37} = 5.14 \times 10^{-5}, P_{45} = 6.10 \times 10^{-5}$,

$P_{46} = 6.88 \times 10^{-5}, P_{47} = 6.48 \times 10^{-5}, P_{56} = 5.76 \times 10^{-5}, P_{57} = 5.44 \times 10^{-5}$,

$P_{67} = 6.11 \times 10^{-5}$

3 个构件的联合失效概率为

$P_{123} = 2.81 \times 10^{-5}, P_{124} = 3.58 \times 10^{-5}, P_{125} = 2.99 \times 10^{-5}, P_{126} = 3.37 \times 10^{-5}$,

$P_{127} = 3.17 \times 10^{-5}, P_{134} = 2.66 \times 10^{-5}, P_{135} = 2.25 \times 10^{-5}, P_{136} = 2.52 \times 10^{-5}$,

$P_{137} = 2.38 \times 10^{-5}, P_{145} = 2.82 \times 10^{-5}, P_{146} = 3.18 \times 10^{-5}, P_{147} = 2.99 \times 10^{-5}$,

$P_{156} = 2.67 \times 10^{-5}, P_{157} = 2.52 \times 10^{-5}, P_{167} = 2.83 \times 10^{-5}, P_{234} = 3.80 \times 10^{-5}$,

$P_{235} = 3.17 \times 10^{-5}, P_{236} = 3.58 \times 10^{-5}, P_{237} = 3.37 \times 10^{-5}, P_{245} = 4.04 \times 10^{-5}$,

$P_{246} = 4.58 \times 10^{-5}, P_{247} = 4.30 \times 10^{-5}, P_{256} = 3.80 \times 10^{-5}, P_{257} = 3.58 \times 10^{-5}$,

$P_{267} = 4.04 \times 10^{-5}, P_{345} = 2.99 \times 10^{-5}, P_{346} = 3.37 \times 10^{-5}, P_{347} = 3.18 \times 10^{-5}$,

$P_{356} = 2.83 \times 10^{-5}, P_{357} = 2.67 \times 10^{-5}, P_{367} = 3.00 \times 10^{-5}, P_{456} = 3.58 \times 10^{-5}$,

$P_{457} = 3.37 \times 10^{-5}, P_{467} = 3.81 \times 10^{-5}, P_{567} = 3.18 \times 10^{-5}$

为了对比,上述信息通过使用线性规划界限法和松弛线性规划界限法分别计算,具体结果见表 6.1,其约束条件的格式见表 6.2。

从表 6.1 和表 6.2 中,我们可以发现,当已知条件信息为单个构件失效概率时($k = 1$),线性规划界限法与松弛线性规划界限法的边界完成重合;而当已知条件信息为 2 个或 3 个构件的联合失效概率时($k = 2$ 或 3),线性规划界限法的边界比松弛线性规划界限法的边界稍微窄一点点,但是并不明显。无论当 $k = 1$ 或 2 或 3,松弛线性规划界限法的约束条件都比线性规划界限法的约束条件少,也就是说松弛线性规划界限法具有更快的计算效率。

表 6.1　桁架结构失效概率($n = 7$)

	失效概率边界($\times 10^{-2}$)	
	LP	RLP
$k = 1$	$0.188 \sim 1.316$	$0.188 \sim 1.316$
$k = 2$	$0.477 \sim 0.912$	$0.469 \sim 0.934$
$k = 3$	$0.631 \sim 0.796$	$0.613 \sim 0.796$

注:LP 表示线性规划界限法,RLP 表示松弛线性规划界限法。

表 6.2　桁架结构中约束条件的数量($n = 7$)

	LP		RLP	
	等式	不等式	等式	不等式
$k = 1$	8	128	2	58
$k = 2$	29	128	3	100
$k = 3$	64	128	4	170

注:LP 表示线性规划界限法,RLP 表示松弛线性规划界限法。

（2）单个构件具有相同的失效概率和线性相关性时

假设 $r = \sqrt{\rho}$,也就是 $\rho_{ij} = \rho, i \neq j, \rho_{ii} = 1$,这时系统中各个构件具有相同的失效概率,且相互之间的线性相关性相同,也就是所谓的等可靠等相关系统。为了对比,我们分别取 ρ 为 0.2、0.4、0.6、0.8 和 0.9 计算,且分别取 2 个构件联合失效概率($k = 2$)和 3 个构件联合失效概率($k = 3$)作为已知信息,分别通过使用线性规划界限法和松弛线性规划界限法进行计算,具体结果见表 6.3 和表 6.4。很显然,从表 6.3 和表 6.4 中,我们可以发现线性规划界限法和松弛线性规划界限法具有相同的边界信息。

表 6.3　等可靠等相关系统桁架结构的失效概率($k = 2$)

ρ	$P_{ij}(1 \leqslant i < j \leqslant 7)$	界限($\times 10^{-3}$)	
		LP	RLP
0.2	4.11×10^{-7}	$1.307 \sim 1.314$	$1.307 \sim 1.314$
0.4	2.56×10^{-6}	$1.262 \sim 1.301$	$1.262 \sim 1.301$
0.6	1.10×10^{-5}	$1.085 \sim 1.250$	$1.085 \sim 1.250$
0.8	3.87×10^{-5}	$0.606 \sim 1.084$	$0.606 \sim 1.084$
0.9	7.20×10^{-5}	$0.406 \sim 0.884$	$0.406 \sim 0.884$

注:LP 表示线性规划界限法,RLP 表示松弛线性规划界限法。

表 6.4   等可靠等相关系统桁架结构的失效概率($k = 3$)

ρ	$P_{ijl}(1 \leqslant i < j < l \leqslant 7)$	界限($\times 10^{-3}$)	
		LP	RLP
0.2	3.86×10^{-7}	$1.307 \sim 1.308$	$1.307 \sim 1.308$
0.4	1.68×10^{-6}	$1.265 \sim 1.268$	$1.265 \sim 1.268$
0.6	2.26×10^{-5}	$1.119 \sim 1.163$	$1.119 \sim 1.163$
0.8	1.72×10^{-5}	$0.761 \sim 0.928$	$0.761 \sim 0.928$
0.9	4.47×10^{-5}	$0.516 \sim 0.722$	$0.516 \sim 0.722$

注:LP 表示线性规划界限法,RLP 表示松弛线性规划界限法。

(3) 已知信息为不等式时

假设已知的信息中没有等式,而全部都是不等式,本例子中为了方便计算,全部用 $P_{ijl} \leqslant 5 \times 10^{-5}$,其计算结果见表 6.5。很显然,从表 6.5 中,我们可以发现,线性规划界限法和松弛线性规划界限法具有相同的边界信息,且其边界范围比等式条件下边界范围稍广。

表 6.5   等可靠等相关系统桁架结构的失效概率($k = 3$)

ρ	$P_{ijl}(1 \leqslant i < j < l \leqslant 7)$	界限($\times 10^{-3}$)	
		LP	RLP
0.9	$\leqslant 5 \times 10^{-5}$	$0.406 \sim 0.759$	$0.406 \sim 0.759$

注:LP 表示线性规划界限法,RLP 表示松弛线性规划界限法。

6.3.2   算例 2:一般串联系统

(1) 等相关串联系统

考虑一个具有 8 个构件的等相关串联系统,其线性相关系数 ρ 分别为 0.1、0.5 和 0.9,假设单个构件的失效概率服从正态分布,并且构件间的联合失效概率也服从正态分布。假设单个构件的失效概率的 β 值分别为 2.5、3.0、3.0、3.1、3.1、3.2、3.2 和 3.2。分别取 2 个构件联合失效概率($k = 2$)和 3 个构件联合失效概率($k = 3$)作为已知信息,并分别通过使用线性规划界限法和松弛线性规划界限法进行计算,具体结果见表 6.6 和表 6.7。对比表 6.6 和表 6.7 中的结果,我们可以发现线性规划界限法的边界比松弛线性规划界限法的边界稍微窄一点点,但是并不明显。虽然随着线性相关系数 ρ 的增加,线性规划界限法的边界与松弛线性规划界限法的边界之间的差距加大,但是其结果仍然非常接近,差距并不显著。

表 6.6　等相关串联结构系统的失效概率($k = 2$)

ρ	k	界限($\times 10^{-2}$)	
		LP	RLP
0.1	2	$1.275 \sim 1.281$	$1.275 \sim 1.285$
0.5	2	$1.070 \sim 1.174$	$1.070 \sim 1.218$
0.9	2	$0.641 \sim 0.707$	$0.621 \sim 0.847$

注:LP 表示线性规划界限法,RLP 表示松弛线性规划界限法。

表 6.7　等相关串联结构系统的失效概率($k = 3$)

ρ	k	界限($\times 10^{-2}$)	
		LP	RLP
0.1	3	$1.275 \sim 1.276$	$1.275 \sim 1.276$
0.5	3	$1.111 \sim 1.136$	$1.101 \sim 1.140$
0.9	3	$0.661 \sim 0.673$	$0.621 \sim 0.760$

注:LP 表示线性规划界限法,RLP 表示松弛线性规划界限法。

（2）等可靠串联系统

考虑一个具有 8 个构件的等可靠串联系统,假设单个构件的失效概率服从正态分布,并且构件间的联合失效概率也服从正态分布,其单个构件的失效概率的 β 值均为 3.5。同时假设其相关系数矩阵为以下形式:

$$R = \begin{bmatrix} 1 & 0.9 & 0.8 & 0.8 & 0.7 & 0.7 & 0.5 & 0.5 \\ & 1 & 0.9 & 0.8 & 0.8 & 0.7 & 0.7 & 0.5 \\ & & 1 & 0.9 & 0.8 & 0.8 & 0.7 & 0.7 \\ & & & 1 & 0.9 & 0.8 & 0.8 & 0.7 \\ & & & & 1 & 0.9 & 0.8 & 0.8 \\ & sym. & & & & 1 & 0.9 & 0.8 \\ & & & & & & 1 & 0.9 \\ & & & & & & & 1 \end{bmatrix}$$

分别取 2 个构件联合失效概率($k = 2$)和 3 个构件联合失效概率($k = 3$)作为已知信息,并分别通过使用线性规划界限法和松弛线性规划界限法进行计算,具体结果见表 6.8。对比表 6.8 中的结果,可以发现线性规划界限法的边界比松弛线性规划界限法的边界稍微窄一点点,但是并不明显。

表 6.8 等可靠串联结构系统的失效概率

k	界限($\times 10^{-3}$)	
	LP	RLP
2	$0.775 \sim 1.145$	$0.771 \sim 1.384$
3	$1.068 \sim 1.089$	$0.969 \sim 1.201$

注:LP 表示线性规划界限法,RLP 表示松弛线性规划界限法。

(3) 含 8 个构件的串联系统

考虑一个具有 8 个构件的等可靠串联系统,假设单个构件的失效概率服从正态分布,并且构件间的联合失效概率也服从正态分布。同时假设其相关系数矩阵为以下形式

$$R = \begin{bmatrix} 1 & 0.9 & 0.8 & 0.8 & 0.7 & 0.7 & 0.5 & 0.5 \\ & 1 & 0.9 & 0.8 & 0.8 & 0.7 & 0.7 & 0.5 \\ & & 1 & 0.9 & 0.8 & 0.8 & 0.7 & 0.7 \\ & & & 1 & 0.9 & 0.8 & 0.8 & 0.7 \\ & & & & 1 & 0.9 & 0.8 & 0.8 \\ & & sym. & & & 1 & 0.9 & 0.8 \\ & & & & & & 1 & 0.9 \\ & & & & & & & 1 \end{bmatrix}$$

假设单个构件的失效概率的 β 值分别为 2.5、3.0、3.0、3.1、3.1、3.2、3.2 和 3.2。分别取 2 个构件联合失效概率($k=2$)和 3 个构件联合失效概率($k=3$)作为已知信息,并分别通过使用线性规划界限法和松弛线性规划界限法进行计算,具体结果见表 6.9。对比表 6.9 中的结果,可以发现线性规划界限法的边界比松弛线性规划界限法的边界稍微窄一点点,但是并不明显。

表 6.9 串联结构系统的失效概率

k	界限($\times 10^{-3}$)	
	LP	RLP
2	$0.719 \sim 0.847$	$0.621 \sim 0.954$
3	$0.772 \sim 0.806$	$0.717 \sim 0.876$

注:LP 表示线性规划界限法,RLP 表示松弛线性规划界限法。

(4) 含 15 个构件的等可靠等相关串联系统

考虑一个具有 15 个构件的等可靠串联系统,假设单个构件的失效概率服从正态分布,并且构件间的联合失效概率也服从正态分布。同时假设单个构件的失效概率的 β 值均为 3,其线性相关系数 ρ 分别为 0.1、0.5 和 0.9。

分别取 2 个构件联合失效概率($k=2$)和 3 个构件联合失效概率($k=3$)作为已知信息,并分别通过使用线性规划界限法和松弛线性规划界限法进行计算。为了更好地对比计算结果的准确性,本例题同时选用蒙特卡洛模拟法计算系统失效概率,其样本空间取 10^7。计算结果和 CPU 时间分别见表 6.10 和表 6.11。

表 6.10　含 15 个构件的等可靠等相关串联系统失效概率

ρ	k	界限($\times 10^{-2}$)		MC($\times 10^{-2}$)
		LP	RLP	
0.1	2	$1.973 \sim 2.018$	$1.973 \sim 2.018$	1.976
0.5	2	$1.167 \sim 1.910$	$1.167 \sim 1.910$	1.524
0.9	2	$0.271 \sim 1.148$	$0.271 \sim 1.148$	0.554
0.9	3	$0.360 \sim 0.816$	$0.360 \sim 0.816$	0.554

注:LP 表示线性规划界限法,RLP 表示松弛线性规划界限法,MC 表示蒙特卡洛模拟法。

表 6.11　含 15 个构件的等可靠等相关串联系统的 CPU 时间

ρ	k	CPU 时间(s)		
		LP	RLP	MC
0.1	2	10.617	1.265	6.748
0.5	2	10.074	1.213	6.814
0.9	2	10.117	1.173	6.771
0.9	3	1647.210	4.693	6.771

注:LP 表示线性规划界限法,RLP 表示松弛线性规划界限法,MC 表示蒙特卡洛模拟法。

对比表 6.10 中的结果,可以发现,线性规划界限法和松弛线性规划界限法具有相同的边界信息,且蒙特卡洛模拟法计算的系统失效概率也位于该界限范围内,证明了该方法的有效性。对比表 6.11 中的结果,可以发现,在线性规划界限法和松弛线性规划界限法具有相同的边界信息的情况下,松弛线性规划界限法的计算效率明显优于线性规划界限法,也优于蒙特卡洛模拟法。

(5) 含 100 个构件的等可靠等相关串联系统

考虑一个具有 100 个构件的等可靠等相关串联系统,假设单个构件的失效概率服从正态分布,并且构件间的联合失效概率也服从正态分布。同时假设单个构件的失效概率的 β 值均为 3,其线性相关系数 ρ 分别为 0.1、0.3 和 0.5。

分别取 2 个构件联合失效概率($k=2$)和 3 个构件联合失效概率($k=3$)作为已知信息。由于此时线性规划界限法早已达到其计算的极限,所以仅通过使用松弛线性规划界限法进行计算。为了更好地对比计算结果的准确性,本例题同时选用蒙特卡洛模拟法计算系统失效概率,其样本空间取 10^7。其计算结果和 CPU 时间分别见表 6.12 和表 6.13。

对比表 6.12 中的结果可以发现,蒙特卡洛模拟法计算的系统失效概率始终位于松弛线性规划界限法的界限范围内,证明了该方法的有效性。对比表 6.13 中的结果,我们可以发现,当取 2 个构件联合失效概率($k = 2$)为已知条件时,松弛线性规划界限法的计算效率明显优于蒙特卡洛模拟法。而当取 3 个构件联合失效概率($k = 3$)为已知条件时,松弛线性规划界限法的计算效率并没有蒙特卡洛模拟法高,这是由于此时松弛线性规划界限法耗费了大量的 CPU 时间去计算 3 个构件联合失效概率($k = 3$)的已知条件信息,并不是由于其设计变量和约束条件的增加所导致的计算效率下降;并且此时的蒙特卡洛模拟法的样本空间仍然为 10^7,也已经达到了一般计算机的极限值,无法为了继续提高精度而增加样本空间。

表 6.12　含 100 个构件的等可靠等相关串联系统失效概率

ρ	k	RLP[界限($\times 10^{-3}$)]	MC($\times 10^{-3}$)
0.1	2	$0.111 \sim 0.135$	0.115
0.3	2	$0.051 \sim 0.133$	0.086
0.5	2	$0.019 \sim 0.127$	0.056
0.5	3	$0.022 \sim 0.094$	0.056

注:RLP 表示松弛线性规划界限法,MC 表示蒙特卡洛模拟法。

表 6.13　含 100 个构件的等可靠等相关串联系统的 CPU 时间

ρ	k	CPU 时间(s)	
		RLP	MC
0.1	2	1.346	57.239
0.3	2	1.331	57.767
0.5	2	1.290	57.767
0.5	3	115.509	57.767

注:RLP 表示松弛线性规划界限法,MC 表示蒙特卡洛模拟法。

(6) 含 100 个构件的串联系统

考虑一个具有 100 个构件的串联系统,假设单个构件的失效概率服从正态分布,并且构件间的联合失效概率也服从正态分布。同时假设单个构件的失效概率的 β 值为 $\beta_i = 3.0 + 1.5 \times r_i, i = 1, 2, \cdots, 100$,其线性相关系数 $\rho_{ij} = r_i r_j, i \neq j, \rho_{ii} = 1, r_i = \sqrt{(101 - i)/100}, i, j = 1, 2, \cdots, 100$。

分别取单个构件失效概率($k = 1$),2 个构件联合失效概率($k = 2$)和 3 个构件联合失效概率($k = 3$)作为已知信息。由于此时线性规划界限法早已达到其计算的极限,所以仅通过使用松弛线性规划界限法进行计算。为了更好地对比计算结果的准确性,本例题同时选用蒙特卡洛法计算系统失效概率,其样本空间取 10^7。其计算结果和 CPU 时间分别见表 6.14 和表 6.15。

对比表 6.14 中的结果,我们可以发现,蒙特卡洛模拟法计算的系统失效概率始终位于松弛线性规划界限法的界限范围内,证明了该方法的有效性。对比表 6.15 中的结果,我们可以发现,当取单个构件失效概率($k=1$)和 2 个构件联合失效概率($k=2$)为已知条件时,松弛线性规划界限法的计算效率明显优于蒙特卡洛模拟法。而当取 3 个构件联合失效概率($k=3$)为已知条件时,松弛线性规划界限法的计算效率并没有蒙特卡洛模拟法高,这是由于此时松弛线性规划界限法耗费了大量的 CPU 时间去计算 3 个构件联合失效概率($k=3$)的已知条件信息,并不是由于其设计变量和约束条件的增加所导致的计算效率下降;并且此时的蒙特卡洛模拟法的样本空间仍然为 10^7,也已经达到了一般计算机的极限值,无法为了继续提高精度而增加样本空间。

表 6.14　含 100 个构件的串联系统失效概率

k	RLP[界限($\times 10^{-3}$)]	MC($\times 10^{-3}$)
1	$0.084 \sim 8.390$	
2	$6.611 \sim 8.354$	7.878
3	$6.891 \sim 8.189$	

注:RLP 表示松弛线性规划界限法,MC 表示蒙特卡洛模拟法。

表 6.15　含 100 个构件的串联系统失效概率的 CPU 时间

k	CPU 时间(s)	
	RLP	MC
1	0.903	
2	1.680	58.280
3	116.622	

注:RLP 表示松弛线性规划界限法,MC 表示蒙特卡洛模拟法。

6.3.3　算例 3:并联系统

考虑一个具有 6 个构件的并联系统,假设单个构件的失效概率服从正态分布,并且构件间的联合失效概率也服从正态分布。同时假设构件间的线性相关系数 $\rho_{ij}=r_ir_j,i\neq j$, $\rho_{ii}=1,r_i=\sqrt{(13-2i)/12},i,j=1,2,\cdots,6$。

(1)等可靠并联系统

假设单个构件的失效概率的 β 值均相同(表 6.16),分别取 3 个构件联合失效概率

$(k=3)$ 和 4 个构件联合失效概率 $(k=4)$ 作为已知信息,并分别通过使用线性规划界限法和松弛线性规划界限法进行计算。计算结果见表 6.16。

表 6.16　含 6 个构件的并联系统失效概率

β	k	数值积分	界限	
			LP	RLP
3	4	0.704×10^{-7}	$(0 \sim 1.035) \times 10^{-7}$	$(0 \sim 1.035) \times 10^{-7}$
2	4	0.528×10^{-4}	$(0 \sim 0.733) \times 10^{-4}$	$(0 \sim 0.733) \times 10^{-4}$
1	4	0.593×10^{-2}	$(0.100 \sim 0.767) \times 10^{-2}$	$(0.100 \sim 0.767) \times 10^{-2}$
0	3	0.117	$(0.171 \sim 1.778) \times 10^{-1}$	$(0.071 \sim 1.778) \times 10^{-1}$

注:LP 表示线性规划界限法,RLP 表示松弛线性规划界限法。

对比表 6.16 中的结果可以发现,线性规划界限法和松弛线性规划界限法的边界信息完全相同或十分接近,且数值积分计算的系统失效概率始终位于线性规划界限法和松弛线性规划界限法的界限范围内,证明了该方法的有效性。当取 4 个构件联合失效概率 $(k=4)$ 为已知条件时,线性规划界限法和松弛线性规划界限法的边界范围明显变窄,但同时也会使其耗费大量的 CPU 时间。

(2) 一般并联系统

假设单个构件的失效概率的 β 值为 $\beta_i = \beta + (7 - 2i)/5, i = 1, 2, \cdots, 6$,分别取 3 个构件联合失效概率 $(k=3)$ 和 4 个构件联合失效概率 $(k=4)$ 作为已知信息,并分别通过使用线性规划界限法和松弛线性规划界限法进行计算。计算结果见表 6.17。

表 6.17　含 6 个构件的并联系统失效概率

β	k	数值积分	界限	
			LP	RLP
3	4	0.322×10^{-6}	$(0 \sim 0.950) \times 10^{-6}$	$(0 \sim 0.950) \times 10^{-6}$
2	4	0.112×10^{-3}	$(0.023 \sim 0.189) \times 10^{-3}$	$(0 \sim 0.231) \times 10^{-3}$
1	4	0.699×10^{-2}	$(0.640 \sim 0.780) \times 10^{-2}$	$(0.106 \sim 1.023) \times 10^{-2}$
0	3	0.990×10^{-1}	$(0.946 \sim 1.043) \times 10^{-1}$	$(0.479 \sim 1.212) \times 10^{-1}$

注:LP 表示线性规划界限法,RLP 表示松弛线性规划界限法。

对比表 6.17 中的结果可以发现,线性规划界限法和松弛线性规划界限法的边界信息完全相同或十分接近,且数值积分计算的系统失效概率始终位于线性规划界限法和松弛线性规划界限法的界限范围内,证明了该方法的有效性。当取 4 个构件联合失效概率 $(k=4)$ 为已知条件时,线性规划界限法和松弛线性规划界限法的边界范围明显变窄,但同时也会使其耗费大量的 CPU 时间。

第7章　扩展型松弛线性规划界限法

7.1　概　　述

由于松弛线性规划界限法仅仅适用于单个串联或并联系统,不适用于由串联系统和并联系统组成的一般系统,在本章中,我们将介绍一种将松弛线性规划界限法和线性规划界限法相结合的方法,从而扩展松弛线性规划界限法的适用范围。

该方法基于系统的失效模式,将整个系统分解为一个不同的子系统分别继续分析。一般来说,一个具有多个不同失效模式的系统,如果在任何一个临界失效模式发生时,该系统失效,则可以将该系统简化为一个由不同失效模式组成的串联系统。在这样的系统中,每个临界失效模式都可以被视为组成该系统的一个"构件"。

每个临界失效模式既是组成该系统本身的一个"构件",也是一个子系统。对于该子系统,其自身的失效概率的界限可以用松弛线性规划界限法计算获得,并且由此获得边界值作为整个系统失效概率计算的已知条件。上述方法被称为扩展型松弛线性规划界限法。

7.2　步　　骤

如图 7.1 所示,扩展型松弛线性规划界限法主要分为以下 4 个步骤:

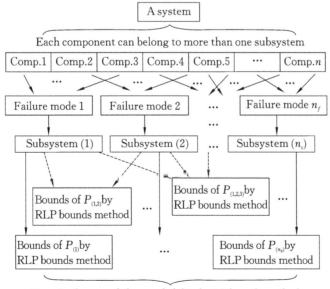

图 7.1　扩展型松弛线性规划界限法流程示意图

① 第一步是定义与系统失效相关的组件。

② 确定系统的临界失效模式。

由于系统可以根据临界失效模式建模为串联系统,因此系统的失效概率可以表示为

$$P_f = P(F_1 \bigcup F_2 \bigcup F_3 \bigcup \cdots \bigcup F_{n_f}) \tag{7.1}$$

式中,n_f 为临界失效模式的数量;$F_i, i = 1, 2, \cdots, n_f$,为第 i 个临界失效模式下的失效事件。

当临界失效模式数目较多时,可以将一组失效模式视为一个子系统。我们可以根据相关性程度进行分组,并将具有强相关性的失效模式组合成一组,从而式(7.1)可被改写为

$$P_f = P(F_{(1)} \bigcup F_{(2)} \bigcup F_{(3)} \bigcup \cdots \bigcup F_{(n_S)}) \tag{7.2}$$

式中,$n_S(n_S \leqslant n_f)$ 为子系统的数量;$F_{(j)}, j = 1, 2, \cdots, n_S$,为第 j 个子系统下的失效事件。

③ 根据构件的失效概率和构件的联合失效概率,利用松弛线性规划界限法计算子系统的失效概率和子系统间的联合失效概率。

子系统 j 的失效概率 $P_{(i)}$ 可表示为

$$P_{(i)} = P(F_{(i)}), \quad i = 1, 2, \cdots, n_S \tag{7.3}$$

式中,$P_{(i)}$ 中的(i) 指代子系统 i。

此时,如果子系统为一个串联系统或者一个并联系统,我们就可以使用松弛线性规划界限法计算该子系统 i 的失效概率。一般来说,临界失效模式下的子系统常为并联系统。

子系统 i 和子系统 j 的联合失效概率 $P_{(i,j)}$ 可表示为

$$
\begin{aligned}
&P_{(i,j)} = P(F_{(i)} \bigcup F_{(j)}), \\
&i = 1, 2, \cdots, n_S - 1, \quad j = 1, 2, \cdots, n_S, \quad i \neq j
\end{aligned} \tag{7.4}
$$

由于 i 和 j 这两个子系统将会组成一个新的并联子系统,所以其联合失效概率的界限也可以用松弛线性规划界限法进行计算。

同理,子系统 i、子系统 j 和子系统 k 的联合失效概率 $P_{(i,j,k)}$ 可表示为

$$
\begin{aligned}
&P_{(i,j,k)} = P(F_{(i)} \bigcup F_{(j)} \bigcup F_{(k)}), \\
&i = 1, 2, \cdots, n_S - 2, \\
&j = 1, 2, \cdots, n_S - 1, \\
&k = 1, 2, \cdots, n_S, \\
&i \neq j \neq k
\end{aligned} \tag{7.5}
$$

④ 在通过松弛线性规划界限法计算各个子系统的失效概率以及各子系统的联合失效概率后,用线性规划界限法计算整个系统的失效概率。

对于在松弛线性规划界限法,当已知条件均为不等式时,其计算的边界值有时会变得很广,所以本方法推荐使用线性规划界限法计算整个系统的失效概率。

7.3　扩展型松弛线性规划界限法的限制

由于扩展型松弛线性规划界限法是建立在线性规划界限法和松弛线性规划界限法的基础之上,所以其应用也受到线性规划界限法和松弛线性规划界限法的限制。

(1) 子系统 i 中设计变量和约束条件

子系统 i 中设计变量的个数为

$$N_{d_{(i)}} = n_{(i)}^2 - n_{(i)} + 2 \tag{7.6}$$

式中,$n_{(i)}$ 表示子系统 i 中构件的数量。

如果此时,$k_{(i)}$ 个构件的所有联合失效概率数值均已知,则松弛线性规划界限法中子系统 i 的约束条件的个数为

$$N_{c_{(i)}} = (n_{(i)}^2 - n_{(i)} + 3) + 2\left(\binom{n_{(i)}}{1} + \binom{n_{(i)}}{2} + \cdots + \binom{n_{(i)}}{k_{(i)}} \right) + k_{(i)} \tag{7.7}$$

(2) 整个系统中设计变量和约束条件

整个系统的设计变量的个数为

$$N_d = 2^{n_S} \tag{7.8}$$

如果此时,k_f 个构件的所有联合失效概率数值均已知,则松弛线性规划界限法中整个系统的约束条件的个数为

$$N_c = (2^{n_S} + 1) + 2\left(\binom{n_S}{1} + \binom{n_S}{2} + \cdots + \binom{n_S}{k_f} \right) \tag{7.9}$$

值得注意的是,在整个系统的已知条件中,大多数已知条件并不是以等式的形式给出,而是以不等式的形式给出。

7.4　算　　例

7.4.1　算例1:悬臂梁

考虑一个如图 7.2 所示的弯矩承载力为 M 的理想弹塑性悬臂梁作为一般系统示例,且该悬臂梁由强度为 T 的理想刚-脆性杆支撑。假设 $l = 5$,随机荷载 P 作用于梁的中点,杆的拉应力 T 以及 M 均服从正态分布但非线性相关,其参数详见表 7.1。

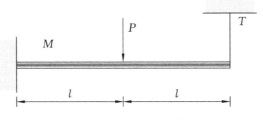

图 7.2　悬臂梁结构示意图

表 7.1　随机变量 M、T、P 的均值和标准差

随机变量	均值（SI）	标准差（SI）
M	1000	300
T	110	20
P	150	30

当施加荷载时,悬臂梁系统有以下三种可能的失效模式,如下所示:

① 杆首先发生失效(失效事件 F_1),随后在悬臂梁的固定端形成铰链(失效事件 F_2);

② 在梁的固定端形成一个铰链(失效事件 F_3),然后在跨中形成另一个铰链(失效事件 F_4);

③ 在梁的固定端形成一个铰链(失效事件 F_3),随后杆发生失效(失效事件 F_5)。

整个系统的失效事件可以表示为

$$F_S = F_1 F_2 \bigcup F_3 F_4 \bigcup F_3 F_5 \tag{7.10}$$

扩展型松弛线性规划界限法在本算例的应用步骤如下:

(1) 考虑到失效事件的顺序,可以将有五个不同的失效事件的系统假设为一个虚拟的系统,且这五个失效事件为该虚拟系统中的五个不同构件。公式(7.10)中的三个不同的失效路径对应上述虚拟系统中的三个不同子系统,即

$$F_{(1)} = F_1 \bigcap F_2, F_{(2)} = F_3 \bigcap F_4, F_{(3)} = F_3 \bigcap F_5 \tag{7.11}$$

也就是

$$\begin{aligned} F_S &= F_{(1)} \bigcup F_{(2)} \bigcup F_{(3)} \\ &= (F_1 \bigcap F_2) \bigcup (F_3 \bigcap F_4) \bigcup (F_3 \bigcap F_5) \end{aligned} \tag{7.12}$$

(2) 在对结构系统进行结构分析后,虚拟构件的失效事件可以表示为

① 杆首先发生失效(失效事件 F_1)

$$F_1 = \left\{ X_1 = T - \frac{5P}{16} < 0 \right\} \tag{7.13}$$

② 杆首先发生失效(失效事件 F_1),随后在悬臂梁的固定端形成铰链(失效事件 F_2)

$$F_2 = \{ X_2 = M - lP < 0 \} \tag{7.14}$$

③ 在梁的固定端形成一个铰链(失效事件 F_3)

$$F_3 = \left\{ X_3 = M - \frac{3lP}{8} < 0 \right\} \tag{7.15}$$

④ 在梁的固定端形成一个铰链(失效事件 F_3),然后在跨中形成另一个铰链(失效事件 F_4)

$$F_4 = \left\{ X_4 = M - \frac{lP}{3} < 0 \right\} \tag{7.16}$$

⑤ 在梁的固定端形成一个铰链(失效事件 F_3),随后杆发生失效(失效事件 F_5)

$$F_5 = \{ X_5 = M + 2lT - lP < 0 \} \tag{7.17}$$

因为随机变量 M、T、P 均为正态随机变量,所以式(7.13)~式(7.17)中的 X 均为联合正态分布。

(3) 利用松弛线性规划界限法计算步骤(1)中子系统的失效概率。

(4) 在步骤(3)计算的子系统的失效概率的基础上,利用线性规划界限法计算整个系统的失效概率。

使用扩展型松弛线性规划界限法和线性规划界限法计算的计算结果见表7.2和表7.3。为了更好地对比计算结果的准确性,本例题同时选用蒙特卡洛模拟法计算系统失效概率,其样本空间取 10^7,计算得到其失效概率为 7.75×10^{-3}。对比表7.2中的结果,我们可以发现,扩展型松弛线性规划界限法与线性规划界限法具有相同或相近的边界信息,且蒙特卡洛模拟法计算的系统失效概率也位于该界限范围内,证明了该方法的有效性。对比表7.3中的结果,我们发现扩展型松弛线性规划界限法和线性规划界限法所需要的CPU计算时间差别并不明显。扩展型松弛线性规划界限法如同松弛线性规划界限法一样,可以适用于更大的系统,而线性规划界限法却不能,这一点将在下一节进行说明。

表 7.2　悬臂梁结构失效概率界限

界限 ($\times 10^{-3}$)	扩展型松弛线性规划界限法		LP
	$k_f = 1$	$k_f = 2$	
$k_m = 1$	$0 \sim 9.24$	$0 \sim 9.24$	$0 \sim 9.24$
$k_m = 2$	$6.83 \sim 8.01$	$7.75 \sim 7.79$	$7.75 \sim 7.79$

注:LP 表示线性规划界限法。

表 7.3　悬臂梁结构失效概率计算的 CPU 时间(s)

界限 ($\times 10^{-3}$)	扩展型松弛线性规划界限法		LP
	$k_f = 1$	$k_f = 2$	
$k_m = 1$	0.8	1.0	0.5
$k_m = 2$	0.5	0.8	0.5

注:LP 表示线性规划界限法。

7.4.2　算例 2:变电站电网系统

考虑如图7.3所示的四个变电站电力网络系统。假设变电站电网位于地震多发区。设 A 表示变电站区域内的基岩峰值地面加速度(PGA),S_i 表示设备项 i 的局部现场响应的系数,因此 $A \cdot S_i$ 是第 i 个设备项所经历的实际峰值加速度。假设 A 为对数正态随机变量,平均值 $0.15g$(以重力加速度为单位),变异系数(c.o.v.)为0.5。同时假设 $S_i (i = 1, 2, \cdots, n)$ 是相互独立的对数正态随机变量,也与 A 相互独立,其平均值为1.0,变异系数(c.o.v.)为0.2。让 R_i 表示第 i 个设备项相对于基本加速度的能力,单位为 g,并假设它们是对数正态分布。变电站电网系统设备项目见表 7.4。

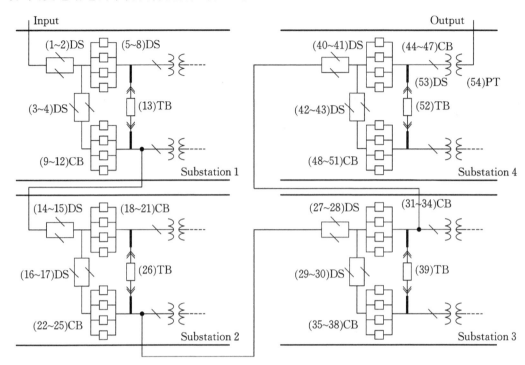

图 7.3　变电站电网系统示意图

表 7.4　变电站电网系统设备均值和方差

设备项目	均值	变异系数
隔离开关(DS)	$0.7g$	0.3
电路断电器(CB)	$0.6g$	0.3
联络断路器(TB)	$1.0g$	0.3
电力变压器(PT)	$1.5g$	0.5

　　假设联络断路器具有等相关系数 0.5,其他设备项目具有等相关系数 0.3。假设不同类别的设备项在统计上相互独立。变电站电网的供电为从变电站 1 的输入线(输入)向变电站 4 的输出线(输出)供电。整个变电站电网系统中共有 54 个元件,如图 7.3 所示。例如,$(1\sim 2)$DS 表示构件 1 和构件 2,且为隔离开关。

　　单个设备项目的失效事件可表示为

$$F_i = \{\ln R_i - \ln A - \ln S_i \leqslant 0\}, \quad i = 1, 2, \cdots, 54 \tag{7.18}$$

假设 $V_i = \ln R_i - \ln A - \ln S_i$,由于 R_i、A、S_i 是对数正态分布,因此 V_i 为正态分布。

　　本变电站电网系统有 22 个失效路径,可使用图 7.3 中所示的构件标识号表示为

$$F_{n_1} = \{1,2\}, F_{n_2} = \{3,4,5,6,7,8\}, F_{n_3} = \{3,4,13\},$$

$$F_{n_4} = \{5,6,7,8,9,10,11,12\}, F_{n_5} = \{9,10,11,12,13\},$$

$$F_{n_6} = \{14,15\}, F_{n_7} = \{16,17,18,19,20,21\}, F_{n_8} = \{16,17,26\},$$

$$F_{n_9} = \{18,19,20,21,22,23,24,25\}, F_{n_{10}} = \{22,23,24,25,26\},$$

$$F_{n_{11}} = \{27,28\}, F_{n_{12}} = \{29,30,31,32,33,34\},$$

$$F_{n_{13}} = \{29,30,39\}, F_{n_{14}} = \{31,32,33,34,35,36,37,38\},$$

$$F_{n_{15}} = \{35,36,37,38,39\}, F_{n_{16}} = \{40,41\},$$

$$F_{n_{17}} = \{42,43,44,45,46,47\}, F_{n_{18}} = \{42,43,52\},$$

$$F_{n_{19}} = \{44,45,46,47,48,49,50,51\}, F_{n_{20}} = \{48,49,50,51,52\},$$

$$F_{n_{21}} = \{53\}, F_{n_{22}} = \{54\}$$

很显然,由于该系统中构件数量较多,构件间关系也较复杂,线性规划界限法已不适用,但扩展型松弛线性规划界限法却仍然适用。

单个设备项目的失效事件表示为

$$F_i = \{\ln R_i - \ln a - \ln S_i \leqslant 0 \mid A = a\}, \quad i = 1,2,\cdots,54 \qquad (7.19)$$

其中,a 是 A 的值。

由于我们想要获得大约 10^{-4} 量级的精确度,$a_{\min}$ 和 $a_{\max}$ 分别确定为 $0.045g$ 和 $1.2g$,因此 $P(A \leqslant a_{\min}) \approx 10^{-2}$,$P(A \geqslant a_{\max}) \approx 10^{-6}$。高斯积分中的 N 设为 11。在本例中,由于失效模式的数量大于 18 个,故将失效模式分为 7 个子系统,如下所示:

$$(F_{n_1}, F_{n_6}, F_{n_{11}}, F_{n_{16}}, F_{n_{21}}), (F_{n_2}, F_{n_3}, F_{n_5}), (F_{n_7}, F_{n_8}, F_{n_{10}}), (F_{n_{12}}, F_{n_{13}}, F_{n_{15}}), (F_{n_{17}},$$
$$F_{n_{18}}, F_{n_{20}}), (F_{n_4}, F_{n_9}, F_{n_{14}}, F_{n_{19}}), (F_{n_{22}}).$$

通过使用扩展型松弛线性规划界限法,表 7.5 和表 7.6 的 Case 1 分别显示了上述变电站电网系统的失效概率和 CPU 计算时间。为了更好地对比计算结果的准确性,本例题同时选用蒙特卡洛模拟法计算系统失效概率,其样本空间取 10^7,计算得到其失效概率为 4.57×10^{-3},CPU 计算时间为 39.7 s。进而,假设构件 52 的信息缺失,我们在对上述变电站电网系统使用扩展型松弛线性规划界限法进行计算后,将其失效概率和 CPU 计算时间记录在表 7.5 和表 7.6 的 Case 2 中。值得注意的是,在上述概率信息不完整的情况下,蒙特卡洛模拟法将无法适用。

表 7.5　变电站电网系统的失效概率

界限	Case 1		Case 2
($\times 10^{-3}$)	$k_f = 1$	$k_f = 2$	($k_f = 1$)
$k_m = 1$	$2.90 \sim 37.88$	$2.90 \sim 37.88$	$2.90 \sim 43.71$
$k_m = 2$	$2.90 \sim 9.55$	$2.92 \sim 9.54$	$2.90 \sim 10.13$
$k_m = 3$	$2.90 \sim 7.27$	$3.53 \sim 7.19$	$2.90 \sim 7.38$

表 7.6　变电站电网系统的失效概率 CPU 计算时间（s）

	Case 1		Case 2
	$k_f = 1$	$k_f = 2$	$(k_f = 1)$
$k_m = 1$	8.9	8.9	7.7
$k_m = 2$	9.0	84.2	9.9
$k_m = 3$	20.8	630.7	20.8

对比表 7.5 和表 7.6 中的结果，我们可以发现，蒙特卡洛模拟法计算的系统失效概率位于扩展型松弛线性规划界限法的界限范围内，证明了该方法的有效性。当 $k_m \geqslant 2, k_f \geqslant 1$ 时，扩展型松弛线性规划界限法的计算精度相对较高，且可以通过提高 k_m 和 k_f 的数值来提高扩展型松弛线性规划界限法的计算精度。在构件 52 的信息缺失这种不完整的情况下，扩展型松弛线性规划界限法仍然可以提供较为准确的系统失效概率边界。

一般而言，扩展型松弛线性规划界限法的计算效率优于蒙特卡洛模拟法，但在某些特殊情况下，扩展型松弛线性规划界限法的计算效率低于蒙特卡洛模拟法。这是由于此时扩展型松弛线性规划界限法耗费了大量的 CPU 时间去计算构件间的联合失效概率的已知条件信息，并不是由于其设计变量和约束条件的增加所导致的计算效率下降，并且此时的蒙特卡洛模拟法的样本空间仍然为 10^7，也已经达到了一般计算机的极限值，无法为了继续提高精度而增加样本空间。

附录 A MATLAB 常用函数

MATLAB,即"矩阵实验室",它是以矩阵为基本运算单元。MATLAB 自 20 世纪 80 年代初问世以来,历经几十年的实践检验、市场筛选和时间凝练,已成为科学研究、工程技术等众多领域最可信赖的科学计算环境和标准仿真平台,成为高等数学必须传授的学习和计算软件。MATLAB 的主要特点是:

- 有高性能数值计算的高级算法,特别适合矩阵代数领域;
- 有大量事先定义的数学函数,并且有很强的用户自定义函数的能力;
- 有强大的绘图功能以及具有教育、科学和艺术学的图解和可视化的二维、三维图;
- 基于 HTML 的完整的帮助功能;
- 适合个人应用的强有力的面向矩阵(向量)的高级程序设计语言;
- 与其他语言编写的程序结合和输入输出格式化数据的能力;
- 有在多个应用领域解决难题的工具箱。

本书中用 MATLAB 语言以实现结构可靠度程序设计,并非本书特意强调的重点,但了解程序中所用到的函数意义和用法,对于透彻理解可靠度分析方法及其实现过程,无疑是十分必要的。

MATLAB 用户根据需要,可以在 MATLAB 命令窗口中,直接输入相应的指令,或者在菜单弹出对话框中进行选择,也可以直接自行编写相应的程序进行计算,其常用指令如表 A.1 所示,其常用运算符、关系运算符、逻辑操作符、特殊算符等见表 A.2～A.5。

表 A.1 命令窗口常用命令

命令	功能说明
clf	清除图形窗口
clc	清除命令窗中显示内容
clcar	清除 MATLAB 工作内存中的变量
who	列出 MATLAB 工作内存中驻留的变量名清单
whos	列出 MATLAB 工作内存中驻留的变量名清单以及属性
help	帮助命令
edit	打开 M 文件编辑器
↑(↓)	向前(后)调出已经输入过的指令

续表 A.1

命令	功能说明
format	定义输出格式（默认值），等效于 format short
format short	输出用带 4 位小数位的有效数字表示
format long	输出用 15 位数字表示
format short e	输出用 5 位科学计数法表示
format long e	输出用 15 位科学计数法表示
format rat	输出用近似有理数表示
format compact	显示变量之间不加空行（紧凑格式）
format loose	显示变量之间加空行
demo	浏览 MATLAB 软件基本功能
funtool	打开函数简单操作的可视化交互界面，显示三个可操作图形窗口（见表下的图）
echo	显示文件中的 MATLAB 中的命令
more	控制命令窗口的输出页面
matlabrc	启动主程序
quit	退出 MATLAB 环境
startup	MATLAB 自启动程序

表 A.2　运算符

运算符	功能说明
＋	加
－	减
*	数之间乘
.*	数组乘，$A.*B$ 为 A、B 两个数组对应元素相乘
^	数的幂
.^	数组幂，$A.^2$ 为数组 A 每个元素平方，$A.^B$ 为 A、B 两个数组对应元素乘幂
\	数的左除，$2\backslash 1$ 得 0.5000
.\	数组的左除，$A.\backslash 2$ 为数组 A 的每个元素去除 2；$A.\backslash B$ 的意义类似
/	数的右除，$2/1$ 得 2
./	数组的右除，$A./2$ 为数组 A 的每个元素去除以 2；$A./B$ 的意义类似

表 A.3   关系运算符

关系运算符	功能说明
==	等号
~=	不等号
<	小于
>	大于
<=	小于或等于
>=	大于或等于

表 A.4   逻辑操作符

逻辑操作符	功能说明
&(and)	逻辑与
|(or)	逻辑或
~(not)	逻辑非
or	异或
any	有非零元则为真
all	所有元素均非零则为真

表 A.5   特殊算符

名称	符号	含义
赋值符号	=	赋值
空格		输入量与输入量之间的分隔符;数组元素分隔符
逗号	,	输入量与输入量之间的分隔符;数组元素分隔符
句点	.	数值运算中的小数点;结构域的存取;构架域的关节点
分号	;	不显示计算结果命令的结尾标志;数组行与行之间的分隔
冒号	:	生成一维数值数组;单下标索引时,表示全部元素构成的长列;多下标索引时,表示所在维上的全部元素
注释号	%	在它后面的文字、命令等不被执行,用于注释
单引号对	' '	字符串标记符
单引号	'	矩阵转置
圆括号	( )	用于紧随函数名后;用于运算中的结合次序
方括号	[ ]	输入数组标记符
续行号	…或?	用于长表达式的续行
At 符	@	创建函数句柄
惊叹号	!	调用操作系统命令

使用 MATLAB 时,在我们自行编写的程序中,通常会调用各种各样的不同函数,其一般形式为

[out1,out2,…]=funname(in1,in2,…)

其中 funname 是函数名,函数的输入参数为 in1、in2 等,返回输出为 out1、out2 等。调用函数时,有下划线的是可选择的参数,这部分均可作为默认项。若从后向前连续默认时,可全部省略;若中间部分默认时,默认参数均以一对方括号"[]"代替。表 A.6 按照字母顺序列出了一些本书的可靠度程序中用到的一些 MATLAB 的函数,希望能帮助大家更好地理解本书后面所附的 MATLAB 程序。

表 A.6 常用 MATLAB 的函数

函数名	意义及语法
abs	纯量的绝对值或向量的长度 abs(x)
acos	反余弦函数,结果为弧度 acos(x)
asin(x)	反正弦函数,结果为弧度 asin(x)
asinh	反双曲正弦函数 asinh(x)
atan	反正切函数 atan(x)
ceil	函数向上取最接近的整数 ceil(x)
chi2cdf	χ^2 分布的累积分布函数 chi2cdf(X,V)
chi2pdf	χ^2 分布的概率密度函数 chi2pdf(X,V)
chol	Cholesky 分解 chol(X)
cos	余弦函数 cos(x)
cputime	CPU 时间,以秒为单位 cputime

续表 A.6

函数名	意 义 及 语 法
cross	向量 x 和 y 的外积 cross(x,y)
cumprod	向量 x 的累计元素总乘积 cumprod(x)
cumsum	向量 x 的累计元素总和 cumsum(x)
dblquad	二重数值积分 dblquad(fun,xmin,xmax,ymin,ymax,tol,method)
det	行列式 det(x)
diag	矩阵对角元素提取、创建对角矩阵 diag(X,k)
diff	向量 x 的相邻元素的差 diff(x)
dot	点积 C=dot(A,B)
double	转换为双精度值 double(x)
edit	启动 M 文件编辑器
eig	特征值和特征矢量 eig(A)
end	结构体结尾
eps	系统的浮点(Floating-point)精确度
error	显示出错信息并中断执行
evcdf	极小型极值累积分布函数 evcdf(X,mu,sigma)
evpdf	极小型极值概率密度函数 evpdf(X,mu,sigma)
evrnd	极小型极值分布随机数 evrnd(mu,sigma)

续表 A.6

函数名	意义及语法
exp	指数函数 exp(X)
exppdf	指数概率密度函数 exppdf(X)
exprnd	指数分布的随机数 exprnd(X)
eye	单位矩阵 eye(m,n)
figure	创建图形窗
find	查找非零元素的索引和值 find(X)
fix	朝零四舍五入 fix(X)
fliplr	矩阵左右翻转 fliplr(X)
flipud	矩阵上下翻转 flipud(X)
floor	朝负无穷大四舍五入取整 floor(X)
fmincon	求带约束多变量函数的极小值 fmincon(fun,x0,A,b,Aeq,beq,lb,ub,nonlcon,options)
for	构成 for 循环
format	设置输出格式
fplot	在制定范围内做函数图像
fprintf	设置显示格式
fsolve	求解多元函数方程组 fsolve(fun,x0,options)
function	函数文件的开头关键词
gamma	gamma 函数 gamma(X)

函数名	意义及语法
gampdf	gamma 概率密度函数 gampdf(X,A,B)
global	定义全局变量
grid	画分格线
guide	启动 GUI 辅助设计工具
guidata	GUI 数据的存储和获取
help	在线帮助
hilb	Hilbert 矩阵 hilb(x)
inf	无穷大 inf(m,n)
input	提示用户输入
intmax	可表达的最大正整数
intmin	可表达的最小负整数
inv	求逆矩阵 inv(X)
isempty	确定矩阵是否为空矩阵 TF＝isempty(X)
legend	图形图例
length	向量的长度 length(X)
linprog	求解线性规划问题 linprog(f,A,b,Aeq,beq,lb,ub,options)
linsolve	对线性方程组求解 linsolve(A,B)
linspace	生成线性间距矢量 linspace(x1,x2)
log	自然对数 log(X)
logncdf	对数正态累积分布函数 [p,plo,pup]＝logncdf(x,mu,sigma,pcov,alpha)

续表 A.6

函数名	意义及语法
logninv	对数正态累积积分分布函数的逆函数 $[X, XLO, XUP] = logninv(P, mu, sigma, pcov, alpha)$
lognpdf	对数正态概率密度函数 $lognpdf(X, mu, sigma)$
lognrnd	对数正态分布的随机数 $lognrnd(mu, sigma)$
max	寻找数组中的最大元素 $max(A, [], dim)$
mean	数组的平均值 $mean(A, dim)$
mesh	网格图 $mesh(X, Y, Z)$
meshgrid	产生"格点"矩阵
min	寻找数组中的最小元素 $min(A, [], dim)$
minmax	矩阵行元素的范围 $minmax(P)$
mvncdf	多元正态累积分布函数 $mvncdf(X, mu, SIGMA)$
mvnpdf	多元正态概率密度函数 $mvnpdf(X, MU, SIGMA)$
mvnrnd	多元正态分布的随机数 $mvnrnd(MU, SIGMA)$
NaN	非数变量
ndgrid	产生高维格点矩阵 $ndgrid(x1, x2, \cdots, xn)$
ndims	求数组维数 $ndims(A)$
nlinfit	非线性最小二乘拟合 $nlinfit(X, Y, modelfun, beta0, options)$

函数名	意义及语法
norm	矩阵或向量的范数 norm(v)
normcdf	正态累积分布函数 normcdf(x,mu,sigma)
norminv	正态累积分布函数的逆函数 norminv(P,mu,sigma,pcov,alpha)
normpdf	正态概率密度函数 normpdf(X,mu,sigma)
normrnd	正态分布的随机数 normrnd(mu,sigma)
null	零空间 null(A)
ones	创建全 1 数组 ones(m,n,p,…)
optimset	优化指令的参数设置
path	设置 MATLAB 搜索路径
pause	暂停
pi	圆周率
plot	二维作图 plot(X1,Y1,LineSpec1,…,Xn,Yn,LineSpecn)
plot3	三维作图 plot3(X1,Y1,Z1,LineSpec,…)
polyval	多项式计算 [y,delta]=polyval(p,x,S,mu)
prod	数组元素的乘积 prod(A,dim)
quad	以自适应 Simpson 积分法计算数值积分 q=quad(fun,a,b,tol,trace)
quad2d	以 tiled 方法计算二重数值积分 quad2d(fun,a,b,c,d,param1,val1,param2,val2,…)

续表 A.6

函数名	意义及语法
quadgk	以自适应高斯-勒让德积分法计算数值积分 $[q, errbnd] = quadgk(fun, a, b, param1, val1, param2, val2, \cdots)$
quadv	矢量化积分 $Q = quadv(fun, a, b, tol, trace)$
rand	产生均匀分布随机数
randi	产生均匀分布随机整数
randn	产生正态分布随机数
roots	多项式根 $r = roots(p)$
save	把内存变量保存为文件
sign	符号函数 $sign(X)$
simulink	运行 Simulink 模型
sin	正弦函数 $sin(x)$
size	矩阵的大小 $size(A, dim)$
solve	求代数方程的符号解
sort	对数组元素排序 $sort(A, dim)$
sqrt	平方根 $sqrt(X)$
sum	数组元素和 $sum(A, dim)$
tan	正切函数 $tan(x)$
tic	启动计时器
toc	关闭计时器
triplequad	对三重积分进行数值计算 $q = triplequad(fun, xmin, xmax, ymin, ymax, zmin, zmax, tol, method)$

函数名	意义及语法
unifcdf	连续均匀累积分布函数 p＝unifcdf(x,a,b,'upper')
unifpdf	连续均匀概率密度函数 p＝unifpdf(x,a,b,'upper')
unifstat	连续均匀分布的均值和方差 [M,V]＝unifstat(A,B)
wblcdf	Weibull 累积分布函数 Wblcdf(X,A,B)
wblinv	Weibull 累积分布函数的逆函数 [X,XLO,XUP]＝wblinv(P,A,B,PCOV,alpha)
wblpdf	Weibull 分布概率密度函数 wblpdf(X,A,B)
wblrnd	Weibull 分布的随机数 wblrdf(A,B,m,n)
xlabel	X 轴轴名
ylabel	Y 轴轴名
zeros	创建全零数值 zero(m,n)

附录 B　线性规划界限法约束条件求解子程序

```
function [Aeq,beq,LB,UB]=ithbounds(n,ith,R0)
%Aeq is equality constraints
%beq are the value of Aeq constraints Aeq*x=beq
%A=[],b=[] no inequality constraints
%LB and UB are the Lower bound LB<=X<=UB
%ith means ith-bounds of LP
%n is the number of components.
%R0is correlation coefficient.
%For the linear programming,we calculate the failure pr of every
% subsystems,Every subsystem is like a parallel system,not series system.

A0=Aunicom(n);
Aeq=[];beq=[];
if ith>=1
  for i=1:n
    Aeq(i,:)=A0(i,:);%the unicomponent probability=the original A0
    beq(i,1)=normcdf(R0(i,i));%b is the value of unicomponent probability
  end
end
i=n;

if ith>=2
  for j1=1:(n-1)
    for j2=(j1+1):n
        i=i+1;
        Aeq(i,:)=A0(j1,:).*A0(j2,:);%the bicomponent probability
        %%%%%%%%%%%%   to calculate b  %%%%%%%%%%%%%
        R=[];v=[];jj=[];
        v=[R0(j1,j1);R0(j2,j2)];%the value of diag R0 is the correlation matrix
        R=diag(v);%the diag matrix
        R(1,2)=R0(j1,j2);%R is the new correlation matrix with ith components
        beq(i,1)=pcm(R);%to calculate P using PCM method for the series system
```

```
                %%%%%%%%%  pcm for the parallel system  %%%%%%%%%%%%
            end
          end
       end


if ith>=3
  for j1=1:(n-2)
    for j2=(j1+1):(n-1)
      for j3=(j2+1):n
        i=i+1;
        Aeq(i,:)=A0(j1,:).*A0(j2,:).*A0(j3,:);%the tricomponent probability
        %%%%%%%%%%  to calculate b  %%%%%%%%%%%%%%%%%%
        R=[];v=[];jj=[];
         v=[R0(j1,j1);R0(j2,j2);R0(j3,j3)];% the value of diag R0 is the
             correlation matrix
        R=diag(v);%the diag matrix
        jj=[j1;j2;j3];
        for k1=1:2
          for k2=k1+1:3
            R(k1,k2)=R0(jj(k1),jj(k2));%R is the new correlation matrix with ith
                 components
          end
        end
        beq(i,1)=pcm(R);%to calculate P using PCM method for the series system
        %%%%%%%%%%  pcm for the parallel system  %%%%%%%%%%%%
      end
    end
  end
end


if ith>=4
  for j1=1:(n-3)
    for j2=(j1+1):(n-2)
      for j3=(j2+1):(n-1)
        for j4=(j3+1):n
        i=i+1;
        Aeq(i,:)=A0(j1,:).*A0(j2,:).*A0(j3,:).*A0(j4,:);%the 4th joint probability
        %%%%%%%%%  to calculate b  %%%%%%%%%%
```

```
        R=[];v=[];jj=[];
        v=[R0(j1,j1);R0(j2,j2);R0(j3,j3);R0(j4,j4)];%the value of diag    R0 is
            the correlation matrix
        R=diag(v);%the diag matrix
        jj=[j1;j2;j3;j4];
        for k1=1:3
          for k2=k1+1:4
            R(k1,k2)=R0(jj(k1),jj(k2));%R is the new correlation matrix with
                    ith components
          end
        end
        beq(i,1)=pcm(R);%to calculate P using PCM method for the series system
        %%%%%%%%   pcm for the parallel system   %%%%%%%%%%%%
      end
     end
    end
   end
end

if ith>=5
  for j1=1:(n-4)
    for j2=(j1+1):(n-3)
      for j3=(j2+1):(n-2)
        for j4=(j3+1):(n-1)
          for j5=(j4+1):n
            i=i+1;
            Aeq(i,:)=A0(j1,:).*A0(j2,:).*A0(j3,:).*A0(j4,:).*A0(j5,:);%the
                    5th joint probability
            %%%%%%%   to calculate b   %%%%%%%%%%%%%%%%
            R=[];v=[];jj=[];
            v=[R0(j1,j1);R0(j2,j2);R0(j3,j3);R0(j4,j4);R0(j5,j5)];%the value
                of diag R0 is the correlation matrix
            R=diag(v);%the diag matrix
            jj=[j1;j2;j3;j4;j5];
            for k1=1:4
              for k2=k1+1:5
                R(k1,k2)=R0(jj(k1),jj(k2));%R is the new correlation matrix with
                        ith components
```

```
            end
          end
            beq (i, 1) = pcm (R);% to calculate P using PCM method for the
                series system
        %%%%%%%  pcm for the parallel system  %%%%%%%%%
        end
      end
    end
  end
 end
end

if ith>=6
  for j1=1:(n-5)
    for j2=(j1+1):(n-4)
      for j3=(j2+1):(n-3)
        for j4=(j3+1):(n-2)
          for j5=(j4+1):(n-1)
            for j6=(j5+1):n
              i=i+1;
              Aeq(i,:)=A0(j1,:).*A0(j2,:).*A0(j3,:).*A0(j4,:).*A0(j5,:).*A0
                    (j6,:);%the 6th joint probability
              %%%%%%  to calculate b  %%%%%%%%%%%
              R=[];v=[];jj=[];
               v=[R0(j1,j1);R0(j2,j2);R0(j3,j3);R0(j4,j4);R0(j5,j5);R0(j6,
                  j6)];%the value of diag R0 is the correlation matrix
              R=diag(v);%the diag matrix
              jj=[j1;j2;j3;j4;j5;j6];
              for k1=1:5
                for k2=k1+1:6
                  R(k1,k2)=R0(jj(k1),jj(k2));%R is the new correlation matrix
                        with ith components
                end
              end
                beq(i,1) = pcm (R);% to calculate P using PCM method for the
                    series system
              %%%%%%%  pcm for the parallel system  %%%%%%%
              end
```

```
                end
              end
            end
          end
        end
      end

  if ith>=7
    for j1=1:(n-6)
      for j2=(j1+1):(n-5)
        for j3=(j2+1):(n-4)
          for j4=(j3+1):(n-3)
            for j5=(j4+1):(n-2)
              for j6=(j5+1):(n-1)
                for j7=(j6+1):n
                  i=i+1;
                  Aeq(i,:)=A0(j1,:).*A0(j2,:).*A0(j3,:).*A0(j4,:).*A0(j5,:).*A0
                          (j6,:).*A0(j7,:);%the 7th joint probability
                  %%%%%%%    to calculate b %%%%%%%%%%%
                  R=[];v=[];jj=[];
                  v=[R0(j1,j1);R0(j2,j2);R0(j3,j3);R0(j4,j4);R0(j5,j5);R0(j6,
                      j6);R0(j7,j7)];%the value of diag R0 is the correlation matrix
                  R=diag(v);%the diag matrix
                  jj=[j1;j2;j3;j4;j5;j6;j7];
                  for k1=1:6
                    for k2=k1+1:7
                      R(k1,k2)=R0(jj(k1),jj(k2));%R is the new correlation matrix
                              with ith components
                    end
                  end
                  beq(i,1)=pcm(R);% to calculate P using PCM method for the
                          series system
                  %%%%%%%    pcm for the parallel system  %%%%
                end
              end
            end
          end
        end
      end
```

```
      end
    end
  end

if ith>=8
  for j1=1:(n-7)
    for j2=(j1+1):(n-6)
      for j3=(j2+1):(n-5)
        for j4=(j3+1):(n-4)
          for j5=(j4+1):(n-3)
            for j6=(j5+1):(n-2)
              for j7=(j6+1):(n-1)
                for j8=(j7+1):n
                  i=i+1;
                  Aeq(i,:)=A0(j1,:).*A0(j2,:).*A0(j3,:).*A0(j4,:).*A0(j5,:).*
                        A0 (j6,:). * A0 (j7,:). * A0 (j8,:);% the 8th
                        joint probability
                  %%%%   to calculate b %%%%
                  R=[];v=[];jj-[];
                  v=[R0(j1,j1);R0(j2,j2);R0(j3,j3);R0(j4,j4);R0(j5,j5);R0(j6,
                     j6);R0 (j7,j7);R0 (j8,j8)];% the value of diag R0 is the
                     correlation matrix
                  R=diag(v);%the diag matrix
                  jj=[j1;j2;j3;j4;j5;j6;j7;j8];
                    for k1=1:7
                      for k2=k1+1:8
                        R(k1,k2)=R0(jj(k1),jj(k2));%R is the new correlation
                              matrix with ith components
                      end
                    end
                  boq(i,1) pcm(R);% to calculate P using PCM method for the series
                        system
                  %%%%   pcm for the parallel system   %%%%%%
                end
              end
            end
          end
        end
      end
    end
  end
```

```
          end
        end
      end
    end


  if ith>=9
    for j1=1:(n-8)
      for j2=(j1+1):(n-7)
        for j3=(j2+1):(n-6)
          for j4=(j3+1):(n-5)
            for j5=(j4+1):(n-4)
              for j6=(j5+1):(n-3)
                for j7=(j6+1):(n-2)
                  for j8=(j7+1):(n-1)
                    for j9=(j8+1):n
                      i=i+1;
                      Aeq(i,:)=A0(j1,:).*A0(j2,:).*A0(j3,:).*A0(j4,:).*A0(j5,:).
                             *A0(j6,:).*A0(j7,:).*A0(j8,:).*A0(j9,:);%the 9th
                             joint probability
                      %%%%%%%%   to calculate b  %%%%%
                      R=[];v=[];jj=[];
                      v=[R0(j1,j1);R0(j2,j2);R0(j3,j3);R0(j4,j4);R0(j5,j5);R0
                        (j6,j6);R0(j7,j7);R0(j8,j8);R0(j9,j9)];%the value of
                        diag R0 is the correlation matrix
                      R=diag(v);%the diag matrix
                      jj=[j1;j2;j3;j4;j5;j6;j7;j8;j9];
                      for k1=1:8
                        for k2=k1+1:9
                          R(k1,k2)=R0(jj(k1),jj(k2));%R is the new correlation
                                matrix with ith components
                        end
                      end
                      beq(i,1)=pcm(R);% to calculate P using PCM method for the
                             series system
                      %%%%   pcm for the parallel system  %%%%
                    end
                  end
                end
```

```
                end
              end
            end
          end
        end
      end
    end

if ith>=10
  for j1=1:(n-9)
    for j2=(j1+1):(n-8)
      for j3=(j2+1):(n-7)
        for j4=(j3+1):(n-6)
          for j5=(j4+1):(n-5)
            for j6=(j5+1):(n-4)
              for j7=(j6+1):(n-3)
                for j8=(j7+1):(n-2)
                  for j9=(j8+1):(n-1)
                    for j10=(j9+1):n
                      i=i+1;
                      Aeq(i,:)=A0(j1,:).*A0(j2,:).*A0(j3,:).*A0(j4,:).*A0
                              (j5,:).*A0(j6,:).*A0(j7,:).*A0(j8,:).*A0
                              (j9,:).*A0(j10,:);%the 10th joint probability
                    %%%   to calculate b   %%%%%%%%
                    R=[];v=[];jj=[];
                    v=[R0(j1,j1);R0(j2,j2);R0(j3,j3);R0(j4,j4);R0(j5,j5);R0
                      (j6,j6);R0(j7,j7);R0(j8,j8);R0(j9,j9);R0(j10,j10)];%
                      the value of diag R0 is the correlation matrix
                    R=diag(v);%the diag matrix
                    jj=[j1;j2;j3;j4;j5;j6;j7;j8;j9;j10];
                    for k1=1:9
                      for k2=k1+1:10
                        R(k1,k2)=R0(jj(k1),jj(k2));%R is the new correlation
                                matrix with ith components
                      end
                    end
                    beq(i,1)=pcm(R);%to calculate P using PCM method for the
                        series system
```

```
                %%  pcm for the parallel system  %%%
            end
          end
        end
       end
      end
     end
    end
   end
  end
 end
end

LB=zeros(2^n,1);
Aeq=[Aeq;ones(1,2^n)];
beq=[beq;1];
UB=ones(2^n,1);
```

附录 C 松弛线性规划界限法约束条件求解子程序

```
function [A,b,Aeq,beq,LB,UB]=Rithbounds(n,ith,R0)
%%%%%%%%%%%%   Relax LP %%%%%%%%%%%%%%%%%%%%
%A are inequality constraints %b are the value of A constraints A*x <=b
%A*x <=b change >=to <=
%Aeq are equality constraints %beq are the value of Aeq constraints Aeq*x=beq
%LB abd UB are the Lower bound LB <=X <=UB
%ith means ith-bounds of LP
%n is the number of components.
%R0 are correlation coefficient.
%Rn0(correlation coefficient matrix of super-components) could be any matrix,
  here is syms
%For the linear programming,we calculate the failure pr of every
%subsystems,Every subsystem is like a parallel system,not series system.

m=0;
for i=1:ith
  if i<n-1;
    m=m+2*nchoosek(n,i);%m are equality constraints m=2(combination(1,n)+
        combination(2,n)+…)
  end
end
A0=ones(m,n^2-n+2);
A0(:,n+2:n^2-n+2)=0;%A0=[1 1 1 1 0 0 0 0]
A=zeros(m,n^2-n+2);
Aeq(1,:)=ones(1,n^2-n+2);%P1+P2+…+Pm 1
A(:,1)=ones(m,1);%every components failed
b=[];
for i=1:n
  A0(i,i+1)=0;%Every line of A0 means one failed component. The jont failure
        probability is the product of every lines.
end
```

```
b eq(1,1)=1;%@    The sum of every pr is 1.
 if ith>=1
   allb=0;%@  to calculate b
   for i=1:2:2*nchoosek(n,1)-1
     A(i,:)=A0((i+1)/2,:);%the unicomponent probability   <Inequality
     b(i:i+1,1)=normcdf(R0((i+1)/2,(i+1)/2));%@  to calculate b b is the value
             of unicomponent probability
     allb=allb+b(i,1);%@ allb is the sum of pr with 1 component failed
     b(i+1)=-b(i+1);
     for j=0:n-2
       A(i+1,(j*n+2):(j*n+n+1))=A0((i+1)/2,2:n+1);% the unicomponent
                                probability>Inequality
     end
     A(i+1,:)=-A(i+1,:);
   end
 end
L=i;
eq=2;
Aeq(eq,1)=nchoosek(n,1);%Cn 1
beq(eq,1)=allb;%@    %allb is the sum of pr with 1 component failed
for j=0:n-2
  Aeq(eq,j*n+2:j*n+n+1)=nchoosek(n-j-1,1);% the sum of unicomponent
                             probability=
end
Aeq(eq,n^2-n+2)=0;

 if ith>=2
   if ith==2 && ith==n-1
     i=L;
     for j1=1:(n-1)
       for j2=(j1+1):n
         eq=eq+1;%the number of equality constraints
         Aeq(eq,:)=A0(j1,:).*A0(j2,:);%the bicomponent probability  =equality
         %%%%%   to calculate b %%%%%%%%
         R=[];v=[];jj=[];
           v = [R0 (j1, j1); R0 (j2, j2)];% the value of diag   R0 is the
               correlation matrix
         R=diag(v);%the diag matrix
```

```
            R(1,2)=R0(j1,j2);%R is the new correlation matrix with ith components
            beq(eq,1)=pcm(R);%to calculate P using PCM method for the series system
            %%%%%%%%%%%  pcm for the parallel system  %%%%%%%%%
        end
    end
  else
    allb=0;%@  to calculate b
    i=L;
    for j1=1:n-1
      for j2=(j1+1):n
        i=i+2;
        A(i,:)=A0(j1,:).*A0(j2,:);%the bicomponent probability    <Inequality
        %%%%%%%   to calculate b %%%%%%%%%
        R=[];v=[];jj=[];
        v=[R0(j1,j1);R0(j2,j2)];%the value of diag R0 is the correlation matrix
        R=diag(v);%the diag matrix
        R(1,2)=R0(j1,j2);%R is the new correlation matrix with ith components
        b(i:i+1,1)=pcm(R);%to calculate P using PCM method for the series system
        allb=allb+b(i,1);%allb is the sum of pr with 2 component failed
        b(i+1)=-b(i+1);
        %%%%%%%%%%  pcm for the parallel system  %%%%%%%%%%
        for j=0:n-3
          A(i+1,(j*n+2):(j*n+n+1))=A(i,2:n+1);%the bicomponent probability
                                  >Inequality
        end
        A(i+1,:)=-A(i+1,:);
      end
    end
    L=i;
    eq=eq+1;
    Aeq(eq,1)=nchoosek(n,2);%CH 2
    beq(eq,1)=allb;%@ %allb is the sum of pr with 2 component failed
      for j=0:n-3
      Aeq(eq,j*n+2:j*n+n+1)=nchoosek(n-j-1,2);% the sum of bicomponent
                              probability=
      end
    end
end
```

```
if ith>=3    %##change 2 to 3
  if ith==3 && ith==n-1    %##change 2 to 3
    i=L;
    for j1=1:(n-2)    %##change n-1 to n-2
      for j2=(j1+1):(n-1)    %##change n to n-1
        for j3=(j2+1):n    %##new
          eq=eq+1;
          Aeq(eq,:)=A0(j1,:).*A0(j2,:).*A0(j3,:);%##.*A0(j3,:)    the
                  tricomponent probability  =equality
          %%%%%    to calculate b %%%%%%%%%%%%%%%%
          R=[];v=[];jj=[];
          v=[R0(j1,j1);R0(j2,j2);R0(j3,j3)];%##add new R0(j3,j3) the value of
              diag R0 is the correlation matrix
          R=diag(v);%the diag matrix
          jj=[j1;j2;j3];%##add new R0(j3,j3)
          for k1=1:2    %##   change to 2
            for k2=k1+1:3    %##   change to 3
              R(k1,k2)=R0(jj(k1),jj(k2));%R is the new correlation matrix with
                      ith components
            end
          end
            beq(eq,1)=pcm(R);% to calculate  P  using  PCM  method  for  the
                    series system
          %%%%%%%%   pcm for the parallel system  %%%%%%%%
        end
      end
    end
  else
    allb=0;%@  to calculate b
    i=L;
    for j1=1:(n-2)    %##change n-1 to n-2
    for j2=(j1+1):(n-1)  %##change n to n-1
      for j3=(j2+1):n  %##new
        i=i+2;
        A(i,:)=A0(j1,:).*A0(j2,:).*A0(j3,:);%##.*A0(j3,:)the tricomponent
                probability<Inequality
        %%%%%%%   to calculate b   %%%%%%%%%
```

```
        R=[];v=[];jj=[];
        v=[R0(j1,j1);R0(j2,j2);R0(j3,j3)];%##add new R0(j3,j3) the value of
            diag R0 is the correlation matrix
        R=diag(v);%the diag matrix
        jj=[j1;j2;j3];%##add new R0(j3,j3)
        for k1=1:2  %##  change to 2
          for k2=k1+1:3  %##  change to 3
            R(k1,k2)=R0(jj(k1),jj(k2));%R is the new correlation matrix with
                    ith components
          end
        end
         b(i:i+1,1)=pcm(R);% to calculate P using PCM method for the
                    series system
        allb=allb+b(i,1);%  allb is the sum of pr with 3 component failed
        b(i+1)=-b(i+1);
        %%%%%%%  pcm for the parallel system  %%%%%%%%%
        for j=0:n-4  %##  change n-3 to n-4
            A(i+1,(j*n+2):(j*n+n+1))=A(i,2:n+1);% the tricomponent
                                    probability>Inequality
        end
         A(i+1,:)=-A(i+1,:);
      end
    end
  end
  L=i;
  eq=eq+1;
  Aeq(eq,1)=nchoosek(n,3);%##change nchoosek(n,2) to nchoosek(n,3) Cn3
  beq(eq,1)=allb;%@  allb is the sum of pr with 3 component failed
  for j=0:n-4  %##change n-3 to n-4
    Aeq(eq,j*n+2:j*n+n+1)=nchoosek(n-j-1,3);%##change nchoosek(n,2) to nchoosek
                        (n,3) the sum of tricomponent probability=
  end
  end
 end
end

if ith>=4  %##change 3 to 4
  if ith==4 && ith==n-1  %##change 3 to 4
```

```
i=L;
for j1=1:(n-3)  %##change n-2 to n-3
  for j2=(j1+1):(n-2)  %##change n-1 to n-2
    for j3=(j2+1):(n-1)  %##change n to n-1
      for j4=(j3+1):n  %##new
        eq=eq+1;
        Aeq(eq,:)=A0(j1,:).*A0(j2,:).*A0(j3,:).*A0(j4,:);%##.*A0(j4,:)
              the 4th joint probability  =equality
        %%%%%%%  to calculate b %%%%%%%%%%
        R=[];v=[];jj=[];
        v=[R0(j1,j1);R0(j2,j2);R0(j3,j3);R0(j4,j4)];%##add new R0(j4,j4)
            the value of diag R0 is the correlation matrix
        R=diag(v);%the diag matrix
        jj=[j1;j2;j3;j4];%##add new j4
        for k1=1:3  %##change to 3
          for k2=k1+1:4  %##change to 4
            R(k1,k2)=R0(jj(k1),jj(k2));%R is the new correlation matrix with
                  ith components
          end
        end
          beq(eq,1)=pcm(R);% to calculate P using PCM method for the
                  series system
        %%%%%%%  pcm for the parallel system  %%%%%%%%%
        end
      end
    end
  end
else
allb=0;%@  to calculate b
i=L;
for j1=1:(n-3)  %##change n-2 to n-3
  for j2=(j1+1):(n-2)  %##change n-1 to n-2
    for j3=(j2+1):(n-1) %##change n to n-1
      for j4=(j3+1):n  %##new
        i=i+2;
        A(i,:)=A0(j1,:).*A0(j2,:).*A0(j3,:).*A0(j4,:);%##.*A0(j4,:) the
                4th joint probability<Inequality
        %%%%%  to calculate b %%%%%%%%%%%%%%%%%
```

```
R=[];v=[];jj=[];
v=[R0(j1,j1);R0(j2,j2);R0(j3,j3);R0(j4,j4)];%##add new R0(j4,j4)
    the value of diag R0 is the correlation matrix
R=diag(v);%the diag matrix
jj=[j1;j2;j3;j4];%##add new j4
for k1=1:3    %##change to 3
  for k2=k1+1:4   %##change to 4
    R(k1,k2)=R0(jj(k1),jj(k2));%R is the new correlation matrix with
              ith components
    end
  end
    b(i:i+1,1)=pcm(R);% to calculate P using PCM method for the
              series system
allb=allb+b(i,1);%  allb is the sum of pr with 4 component failed
b(i+1)=-b(i+1);%change >=to <=
%%%%%%  pcm for the parallel system  %%%%%%%%%%%
for j=0:n-5   %##change n-4 to n-5
  A(i+1,(j*n+2):(j*n+n+1))=A(i,2:n+1);%the 4th joint probability
                  >Inequality
  end
  A(i+1,:)=-A(i+1,:);%change >=to <=
    end
  end
    end
end
L=i;
eq=eq+1;
Aeq(eq,1)=nchoosek(n,4);%##change nchoosek(n,3) to nchoosek(n,4) Cn4
beq(eq,1)=allb;%@   allb is the sum of pr with 4 component failed
  for j=0:n-5   %##change n-4 to n-5
  Aeq(eq,j*n+2:j*n+n+1)=nchoosek(n-j-1,4);%##change nchoosek(n,3) to nchoosek
              (n,4) the sum of 4th joint probability=
    end
  end
end

if ith>=5  %##change 4 to 5
  if ith==5 && ith==n-1  %##change 4 to 5
```

```
i=L;
for j1=1:(n-4)    %##change n-3 to n-4
  for j2=(j1+1):(n-3)    %##change n-2 to n-3
    for j3=(j2+1):(n-2)    %##change n-1 to n-2
      for j4=(j3+1):(n-1)    %##change n to n-1
        for j5=(j4+1):n
          eq=eq+1;
          Aeq(eq,:)=A0(j1,:).*A0(j2,:).*A0(j3,:).*A0(j4,:).*A0(j5,:);%##
                    .*A0(j5,:)    the 5th joint probability  =equality
          %%%%%%%    to calculate b %%%%%%%%%%
          R=[];v=[];jj=[];
          v=[R0(j1,j1);R0(j2,j2);R0(j3,j3);R0(j4,j4);R0(j5,j5)];%##add new
              R0(j5,j5) the value of diag R0 is the correlation matrix
          R=diag(v);%the diag matrix
          jj=[j1;j2;j3;j4;j5];%##add new j5
          for k1=1:4    %##chang to 4
            for k2=k1+1:5    %##chang to 5
              R(k1,k2)=R0(jj(k1),jj(k2));%R is the new correlation matrix
                        with ith components
            end
          end
            beq(eq,1)=pcm(R);% to calculate P using PCM method for the
                        series system
          %%%%%%%    pcm for the parallel system  %%%%%
        end
      end
    end
  end
end
else
allb=0;%@  to calculate b
i=L;
for j1=1:(n-4)    %##change n-3 to n-4
  for j2=(j1+1):(n-3)    %##change n-2 to n-3
    for j3=(j2+1):(n-2) %##change n-1 to n-2
      for j4=(j3+1):(n-1)    %##change n to n-1
        for j5=(j4+1):n
          i=i+2;
```

```
        A(i,:)=A0(j1,:).*A0(j2,:).*A0(j3,:).*A0(j4,:).*A0(j5,:);%##.*
            A0(j5,:)the 5th joint probability <Inequality
%%%%   to calculate b %%%%%
R=[];v=[];jj=[];
v=[R0(j1,j1);R0(j2,j2);R0(j3,j3);R0(j4,j4);R0(j5,j5)];%##add new
    R0(j5,j5) the value of diag R0 is the correlation matrix
R=diag(v);%the diag matrix
jj=[j1;j2;j3;j4;j5];%##add new j5
for k1=1:4  %##chang to 4
  for k2=k1+1:5   %##chang to 5
    R(k1,k2)=R0(jj(k1),jj(k2));%R is the new correlation matrix
            with ith components
  end
end
b(i:i+1,1)=pcm(R);%to calculate P using PCM method for the
            series system
allb=allb+b(i,1);%  allb is the sum of pr with 5 component failed
b(i+1)=-b(i+1);%change >=to <=
%%%%%  pcm for the parallel system  %%%%%%%
for j=0:n-6   %##change n-5 to n-6
    A(i+1,(j*n+2):(j*n+n+1))=A(i,2:n+1);%the 5th joint
                            probability>Inequality
end
A(i+1,:)=-A(i+1,:);%change >=to <=
        end
      end
    end
  end
end
L=i;
eq=eq+1;
Aeq(eq,1)=nchoosek(n,5);%##change nchoosek(n,4) to nchoosek(n,5)  Cn 5
beq(eq,1)=allb;%@  allb is the sum of pr with 5 component failed
  for j=0:n-6  %##change n-5 to n-6
  Aeq(eq,j*n+2:j*n+n+1)=nchoosek(n-j-1,5);%##change nchoosek(n,4) to
                    nchoosek(n,5) the sum of 5th joint probability=
  end
end
```

```
end

if ith>=6   %##change 5 to 6
   if ith==6 && ith==n-1   %##change 5 to 6
     i=L;
     for j1=1:(n-5)   %##change n-4 to n-5
       for j2=(j1+1):(n-4)   %##change n-3 to n-4
         for j3=(j2+1):(n-3)    %##change n-2 to n-3
           for j4=(j3+1):(n-2)    %##change n-1 to n-2
             for j5=(j4+1):(n-1)    %##change n to n-1
               for j6=(j5+1):n   %##new
                 eq=eq+1;
                 Aeq(eq,:)=A0(j1,:).*A0(j2,:).*A0(j3,:).*A0(j4,:).*A0(j5,:).*A0
                         (j6,:);%##.*A0(j6,:) the 6th joint probability=equality
                 %%%%%   to calculate b %%%%%%
                 R=[];v=[];jj=[];
                 v=[R0(j1,j1);R0(j2,j2);R0(j3,j3);R0(j4,j4);R0(j5,j5);R0(j6,
                    j6)];% ## add new R0(j6,j6) the value of diag R0 is the
                    correlation matrix
                 R=diag(v);%the diag matrix
                 jj=[j1;j2;j3;j4;j5;j6];%##add new j6
                 for k1=1:5   %##chang to 5
                   for k2=k1+1:6   %##chang to 6
                     R(k1,k2)=R0(jj(k1),jj(k2));%R is the new correlation matrix
                             with ith components
                   end
                 end
                   beq(eq,1)=pcm(R);% to calculate P using PCM method for the
                           series system
                 %%%%%%   pcm for the parallel system   %%%%%
               end
             end
           end
         end
       end
     end
   else
     allb=0;%@  to calculate b
```

```
i=L;
for j1=1:(n-5)   %##change n-4 to n-5
  for j2=(j1+1):(n-4)   %##change n-3 to n-4
    for j3=(j2+1):(n-3) %##change n-2 to n-3
      for j4=(j3+1):(n-2)   %##change n-1 to n-2
        for j5=(j4+1):(n-1)   %##change n to n-1
          for j6=(j5+1):n
            i=i+2;
            A(i,:)=A0(j1,:).*A0(j2,:).*A0(j3,:).*A0(j4,:).*A0(j5,:).*A0
                   (j6,:);%##.*A0(j6,:)   the 6th joint probability
                   <Inequality
            %%%%   to calculate b %%%%
            R=[];v=[];jj=[];
            v=[R0(j1,j1);R0(j2,j2);R0(j3,j3);R0(j4,j4);R0(j5,j5);R0(j6,
               j6)];%## add new R0(j6,j6) the value of diag R0 is the
               correlation matrix
            R=diag(v);%the diag matrix
            jj=[j1;j2;j3;j4;j5;j6];%##add new j6
            for k1=1:5   %##chang to 5
              for k2=k1+1:6   %##chang to 6
                R(k1,k2)=R0(jj(k1),jj(k2));%R is the new correlation matrix
                        with ith components
              end
            end
            b(i:i+1,1)=pcm(R);%to calculate P using PCM method for the
                     series system
            allb=allb+b(i,1);%allb is the sum of pr with 6 component failed
            b(i+1)=-b(i+1);%change >=to <=
            %%%%%%%   pcm for the parallel system   %%%%%
            for j=0:n-7   %##change n-6 to n-7
              A(i+1,(j*n+2):(j*n+n+1))=A(i,2:n+1);%the 6th joint
                                         probability  >Inequality
            end
            A(i+1,:)=-A(i+1,:);%change >=to <=
          end
        end
      end
    end
  end
```

```
        end
      end
    L=i;
    eq=eq+1;
    Aeq(eq,1)=nchoosek(n,6);%##change nchoosek(n,5) to nchoosek(n,6)  Cn 6
    beq(eq,1)=allb;%@ allb is the sum of pr with 6 component failed
    for j=0:n-7  %##change n-6 to n-7
      Aeq(eq,j*n+2:j*n+n+1)=nchoosek(n-j-1,6);%##change nchoosek(n,5) to
                  nchoosek(n,6)the sum of 6th joint probability=
      end
    end
  end

  if ith>=7  %##change 6 to 7
    if ith==7 && ith==n-1  %##change 6 to 7
    i=L;
    for j1=1:(n-6)  %##change n-5 to n-6
      for j2=(j1+1):(n-5)  %##change n-4 to n-5
        for j3=(j2+1):(n-4)  %##change n-3 to n-4
          for j4=(j3+1):(n-3)  %##change n-2 to n-3
            for j5=(j4+1):(n-2)  %##change n-1 to n-2
              for j6=(j5+1):(n-1)    %##change n to n-1
                for j7=(j6+1):n
                  eq=eq+1;
                  Aeq(eq,:)=A0(j1,:).*A0(j2,:).*A0(j3,:).*A0(j4,:).*A0(j5,:).
                      *A0(j6,:).*A0(j7,:);%##.*A0(j7,:) the 7th joint
                      probability=equality
                  %%%%%   to calculate b  %%%%%%%%
                  R=[];v=[];jj=[];
                  v=[R0(j1,j1);R0(j2,j2);R0(j3,j3);R0(j4,j4);R0(j5,j5);R0(j6,
                    j6);R0(j7,j7)];%##add new R0(j7,j7) the value of diag R0 is
                    the correlation matrix
                  R=diag(v);%the diag matrix
                  jj=[j1;j2;j3;j4;j5;j6;j7];%##add new j7
                  for k1=1:6  %##chang to 6
                    for k2=k1+1:7  %##chang to 7
                      R(k1,k2)=R0(jj(k1),jj(k2));%R is the new correlation
                          matrix with ith components
```

```
        end
      end
    beq(eq,1)=pcm(R);%to calculate P using PCM method for the
        series system
  %%%%%  pcm for the parallel system  %%%
      end
    end
  end
 end
end
end
else
  allb=0;%@ to calculate b
  i=L;
  for j1=1:(n-6)  %##change n-5 to n-6
    for j2=(j1+1):(n-5)  %##change n-4 to n-5
      for j3=(j2+1):(n-4) %##change n-3 to n-4
        for j4=(j3+1):(n-3)  %##change n-2 to n-3
          for j5=(j4+1):(n-2)  %##change n to n-1
            for j6=(j5+1):(n-1)  %##change n to n-1
              for j7=(j6+1):n
              i=i+2;
              A(i,:)=A0(j1,:).*A0(j2,:).*A0(j3,:).*A0(j4,:).*A0(j5,:).*A0
                  (j6,:).* A0 (j7,:);%##.* A0 (j7,:) the 7th joint
                  probability<Inequality
              %%%%  to calculate b %%%%%%%%%%
              R=[];v=[];jj=[];
              v=[R0(j1,j1);R0(j2,j2);R0(j3,j3);R0(j4,j4);R0(j5,j5);R0(j6,
                  j6);R0(j7,j7)];%##add new R0(j7,j7) the value of diag R0 is
                  the correlation matrix
              R=diag(v);%the diag matrix
              jj=[j1;j2;j3;j4;j5;j6;j7];%##add new j7
              for k1=1:6  %##chang to 6
                for k2=k1+1:7  %##chang to 7
                  R(k1,k2)=R0(jj(k1),jj(k2));%R is the new correlation
                      matrix with ith components
                end
```

```
            end
            b(i:i+1,1)=pcm(R);%to calculate P using PCM method for the
                series system
            allb=allb+b(i,1);%allb is the sum of pr with 7 component failed
            b(i+1)=-b(i+1);%change >=to <=
            %%%% pcm for the parallel system %%%%%
            for j=0:n-8  %##change n-7 to n-8
                A(i+1,(j*n+2):(j*n+n+1))=A(i,2:n+1);%the 7th joint
                        probability>Inequality
                end
            A(i+1,:)=-A(i+1,:);%change >=to <=
          end
        end
      end
     end
    end
   end
   L=i;
   eq=eq+1;
   Aeq(eq,1)=nchoosek(n,7);%##change nchoosek(n,6) to nchoosek(n,7)  Cn 7
   beq(eq,1)=allb;%@  allb is the sum of pr with 7 component failed
   for j=0:n-8  %##change n-7 to n-8
     Aeq(eq,j*n+2:j*n+n+1)=nchoosek(n-j-1,7);%##change nchoosek(n,6) to
                nchoosek(n,7) the sum of 7th joint probability=
     end
   end
 end

if ith>=8  %##change 7 to 8
  if ith==8 && ith==n-1  %##change 7 to 8
    i=L;
    for j1=1:(n-7)  %##change n-6 to n-7
      for j2=(j1+1):(n-6)  %##change n-5 to n-6
        for j3=(j2+1):(n-5)  %##change n-4 to n-5
          for j4=(j3+1):(n-4)  %##change n-3 to n-4
            for j5=(j4+1):(n-3)  %##change n-2 to n-3
              for j6=(j5+1):(n-2)  %##change n-1 to n-2
```

```
        for j7=(j6+1):(n-1)    %##change n to n-1
          for j8=(j7+1):n   %##new
            eq=eq+1;
              Aeq(eq,:)=A0(j1,:).*A0(j2,:).*A0(j3,:).*A0(j4,:).*A0
                      (j5,:).*A0(j6,:).*A0(j7,:).*A0(j8,:);%##.*
                      A0(j8,:)   the 8th joint probability  =equality
          %%%   to calculate b %%%%%
            R=[];v=[];jj=[];
            v=[R0(j1,j1);R0(j2,j2);R0(j3,j3);R0(j4,j4);R0(j5,j5);R0
                (j6,j6);R0(j7,j7);R0(j8,j8)];%##add new R0(j8,j8) the
              value of diag   R0 is the correlation matrix
            R=diag(v);%the diag matrix
            jj=[j1;j2;j3;j4;j5;j6;j7;j8];%##add new j8
            for k1=1:7   %##change to 7
              for k2=k1+1:8    %##change to 8
                R(k1,k2)=R0(jj(k1),jj(k2));%R is the new correlation
                        matrix with ith components
              end
            end
            beq(eq,1)=pcm(R);%to calculate P using PCM method for the
                      series system
            %%%%   pcm for the parallel system   %%%%
          end
        end
      end
    end
   end
  end
 end
end
else
   allb=0;%@  to calculate b
   i=L;
   for j1=1:(n-7)   %##change n-6 to n-7
     for j2=(j1+1):(n-6)    %##change n-5 to n-6
       for j3=(j2+1):(n-5) %##change n-4 to n-3
         for j4=(j3+1):(n-4)    %##change n-3 to n-4
           for j5=(j4+1):(n-3)   %##change n-2 to n-3
```

```
    for j6=(j5+1):(n-2)   %##change n-1 to n-2
      for j7=(j6+1):(n-1)    %##change n to n-1
        for j8=(j7+1):n  %##new
        i=i+2;
        A(i,:)=A0(j1,:).*A0(j2,:).*A0(j3,:).*A0(j4,:).*A0(j5,:).*
              A0(j6,:).*A0(j7,:).*A0(j8,:);%##.*A0(j8,:)    the
              8th joint probability   <Inequality
        %%%%   to calculate b %%%%%%%
        R=[];v=[];jj=[];
         v=[R0(j1,j1);R0(j2,j2);R0(j3,j3);R0(j4,j4);R0(j5,j5);R0
            (j6,j6);R0(j7,j7);R0(j8,j8)];%##add new R0(j8,j8) the
            value of diag R0 is the correlation matrix
        R=diag(v);%the diag matrix
        jj=[j1;j2;j3;j4;j5;j6;j7;j8];%##add new j8
        for k1=1:7   %##change to 7
          for k2=k1+1:8   %##change to 8
             R(k1,k2)=R0(jj(k1),jj(k2));%R is the new correlation
                        matrix with ith components
            end
          end
        b(i:i+1,1)=pcm(R);%to calculate P using PCM method for the
                    series system
              allb = allb + b(i,1);% allb is the sum of pr with 8
                    component failed
        b(i+1)=-b(i+1);%chang >=to <=
        %%%  pcm for the parallel system  %%%%
        for j=0:n-9   %##change n-8 to n-9
          A(i+1,(j*n+2):(j*n+n+1))=A(i,2:n+1);%the 8th joint
                                      probability>Inequality
        end
        A(i+1,:)=-A(i+1,:);%chang >=to <=
        end
      end
    end
  end
end
```

```
        end
        L=i;
        eq=eq+1;
        Aeq(eq,1)=nchoosek(n,8);%##change nchoosek(n,7) to nchoosek(n,8) Cn8
        beq(eq,1)=allb;%@  allb is the sum of pr with 8 component failed
        for j=0:n-9  %##change n-8 to n-9
          Aeq(eq,j*n+2:j*n+n+1)=nchoosek(n-j-1,8);%##change nchoosek(n,7) to
                               nchoosek(n,8)the sum of 8th joint probability=
        end
      end
    end

    if ith>=9  %##change 8 to 9
      if ith==9 && ith==n-1  %##change 8 to 9
      i=L;
      for j1=1:(n-8)  %##change n-7 to n-8
        for j2=(j1+1):(n-7)  %##change n-6 to n-7
          for j3=(j2+1):(n-6)  %##change n-5 to n-6
            for j4=(j3+1):(n-5)  %##change n-4 to n-5
              for j5=(j4+1):(n-4)  %##change n-3 to n-4
                for j6=(j5+1):(n-3)  %##change n-2 to n-3
                  for j7=(j6+1):(n-2)  %##change n-1 to n-2
                    for j8=(j7+1):(n-1)  %##change n to n-1
                      for j9=(j8+1):n  %##new
                        eq=eq+1;
                        Aeq(eq,:)=A0(j1,:).*A0(j2,:).*A0(j3,:).*A0(j4,:).*A0
                          (j5,:).*A0(j6,:).*A0(j7,:).*A0(j8,:).*A0
                          (j9,:);%##.*A0(j9,:)  the 9th joint
                          probability=equality
                        %%%%%  to calculate b  %%%%%
                        R=[];v=[];jj=[];
                        v=[R0(j1,j1);R0(j2,j2);R0(j3,j3);R0(j4,j4);R0(j5,j5);R0
                          (j6,j6);R0(j7,j7);R0(j8,j8);R0(j9,j9)];%##add new R0
                          (j9,j9) the value of diag R0 is the correlation matrix
                        R=diag(v);%the diag matrix
                        jj=[j1;j2;j3;j4;j5;j6;j7;j8;j9];%##add new j9
                        for k1=1:8  %##change to 8
                          for k2=k1+1:9  %##change to 9
```

```
                R(k1,k2)=R0(jj(k1),jj(k2));%R is the new correlation
                    matrix with ith components
            end
        end
        beq(eq,1)=pcm(R);%to calculate P using PCM method for the
            series system
        %%   pcm for the parallel system   %%%
        end
       end
      end
     end
    end
   end
  end
 end
end
else
    allb=0;%@  to calculate b
    i=L;
    for j1=1:(n-8)   %##change n-7 to n-8
      for j2=(j1+1):(n-7)   %##change n-6 to n-7
        for j3=(j2+1):(n-6) %##change n-5 to n-6
          for j4=(j3+1):(n-5)   %##change n-4 to n-5
            for j5=(j4+1):(n-4)   %##change n-3 to n-4
              for j6=(j5+1):(n-3)    %##change n-2 to n-3
                for j7=(j6+1):(n-2)    %##change n-1 to n-2
                  for j8=(j7+1):(n-1)   %##change n to n-1
                    for j9=(j8+1):n   %##new
                    i=i+2;
                    A(i,:)=A0(j1,:).*A0(j2,:).*A0(j3,:).*A0(j4,:).*A0(j5,:).
                        *A0(j6,:).*A0(j7,:).*A0(j8,:).*A0(j9,:);%##.*A0
                        (j9,:) the 9th joint probability<Inequality
                    %%%%%   to calculate b  %%%%%%
                    R=[];v=[];jj=[];
                    v=[R0(j1,j1);R0(j2,j2);R0(j3,j3);R0(j4,j4);R0(j5,j5);R0
                        (j6,j6);R0(j7,j7);R0(j8,j8);R0(j9,j9)];%##add new R0
                        (j9,j9) the value of diag R0 is the correlation matrix
                    R=diag(v);%the diag matrix
```

```
jj=[j1;j2;j3;j4;j5;j6;j7;j8;j9];%##add new j9
for k1=1:8   %##change to 8
  for k2=k1+1:9   %##change to 9
    R(k1,k2)=R0(jj(k1),jj(k2));%R is the new correlation
                matrix with ith components
  end
end
b(i:i+1,1)=pcm(R);%to calculate P using PCM method for the
            series system
    allb = allb + b(i,1);% allb is the sum of pr with 9
          component failed
b(i+1)=-b(i+1);%chang >=to <=
%%  pcm for the parallel system  %%%
for j=0:n-10   %##change n-9 to n-10
  A(i+1,(j*n+2):(j*n+n+1))=A(i,2:n+1);%the 9th joint
                    probability>Inequality
end
A(i+1,:)=-A(i+1,:);%chang >=to <=
          end
        end
      end
    end
   end
  end
 end
end
L=i;
eq=eq+1;
Aeq(eq,1)=nchoosek(n,9);%##change nchoosek(n,8) to nchoosek(n,9) Cn 9
Aeq(eq,1)=allb;%  allb is the sum of pr with 9 component failed
for j=0:n-10   %##change n-9 to n-10
  Aeq(eq,j*n+2:j*n+n+1)=nchoosek(n-j-1,9);%##change nchoosek(n,8) to
                nchoosek(n,9) the sum of 9th joint probability=
  end
 end
end
```

```
if ith>=10    %##change 9 to 10
  if ith==10 && ith==n-1    %##change 9 to 10
    i=L;
    for j1=1:(n-9)    %##change n-8 to n-9
      for j2=(j1+1):(n-8)    %##change n-7 to n-8
        for j3=(j2+1):(n-7)    %##change n-6 to n-7
          for j4=(j3+1):(n-6)    %##change n-5 to n-6
            for j5=(j4+1):(n-5)    %##change n-4 to n-5
              for j6=(j5+1):(n-4)    %##change n-3 to n-4
                for j7=(j6+1):(n-3)    %##change n-2 to n-3
                  for j8=(j7+1):(n-2)    %##change n-1 to n-2
                    for j9=(j8+1):(n-1)    %##change n to n-1
                      for j10=(j9+1):n
                        eq=eq+1;
                        Aeq(eq,:)=A0(j1,:).*A0(j2,:).*A0(j3,:).*A0(j4,:).*A0
                                  (j5,:).*A0(j6,:).*A0(j7,:).*A0(j8,:).*A0
                                  (j9,:).*A0(j10,:);%##.*A0(j10,:)    the 10th
                                  joint probability  =equality
                        %%to calculate b %%%%%
                        R=[];v=[];jj=[];
                        v=[R0(j1,j1);R0(j2,j2);R0(j3,j3);R0(j4,j4);R0(j5,j5);R0
                          (j6,j6);R0(j7,j7);R0(j8,j8);R0(j9,j9);R0(j10,
                          j10)];%##add new R0(j10,j10) the value of diag R0 is
                          the correlation matrix
                        R=diag(v);%the diag matrix
                        jj=[j1;j2;j3;j4;j5;j6;j7;j8;j9;j10];%##add new j10
                        for k1=1:9    %##    change to 9
                          for k2=k1+1:10    %##    change to 10
                            R(k1,k2)=R0(jj(k1),jj(k2));%R is the new correlation
                                     matrix with ith components
                          end
                        end
                        beq(eq,1)=pcm(R);%to calculate P using PCM method for the
                                  series system
                        %%pcm for the parallel system%
                      end
                    end
                  end
```

```
                    end
                end
            end
          end
        end
      end
    end
else
    allb=0;%@ to calculate b
    i=L;
    for j1=1:(n-9)    %##change n-8 to n-9
      for j2=(j1+1):(n-8)    %##change n-7 to n-8
        for j3=(j2+1):(n-7) %##change n-6 to n-7
          for j4=(j3+1):(n-6)    %##change n-5 to n-6
            for j5=(j4+1):(n-5)    %##change n-4 to n-5
              for j6=(j5+1):(n-4)    %##change n-3 to n-4
                for j7=(j6+1):(n-3)    %##change n-2 to n-3
                  for j8=(j7+1):(n-2)    %##change n-1 to n-2
                    for j9=(j8+1):(n-1)    %##change n to n-1
                      for j10=(j9+1):n    %##new
                        i=i+2;
                        A(i,:)=A0(j1,:).*A0(j2,:).*A0(j3,:).*A0(j4,:).*A0
                            (j5,:).*A0(j6,:).*A0(j7,:).*A0(j8,:).*A0
                            (j9,:).*A0(j10,:);%##.*A0(j10,:) the 10th
                            joint probability<Inequality
                        %%    to calculate b    %%
                        R=[];v=[];jj=[];
                        v=[R0(j1,j1);R0(j2,j2);R0(j3,j3);R0(j4,j4);R0(j5,j5);R0
                            (j6,j6);R0(j7,j7);R0(j8,j8);R0(j9,j9);R0(j10,j10)];%
                            ## add new R0(j10,j10) the value of diag R0 is the
                            correlation matrix
                        R=diag(v);%the diag matrix
                        jj=[j1;j2;j3;j4;j5;j6;j7;j8;j9;j10];%##add new j10
                        for k1=1:9    %## change to 9
                          for k2=k1+1:10    %##  change to 10
                            R(k1,k2)=R0(jj(k1),jj(k2));%R is the new correlation
                                matrix with ith components
                          end
```

```
                    end
                    b(i:i+1,1)=pcm(R);% to calculate P using PCM method for
                        the series system
                    allb=allb+b(i,1);% allb is the sum of pr with 10 component
                        failed
                    b(i+1)=-b(i+1);% chang >= to <=
                    %% pcm for the parallel system %
                    for j=0:n-11   %## change n-10 to n-11
                        A(i+1,(j*n+2):(j*n+n+1))=A(i,2:n+1);% the 10th joint
                                                    probability> Inequality
                    end
                    A(i+1,:)=-A(i+1,:);% chang >= to <=
                end
            end
        end
    end
  end
 end
 end
end
end
L=i;
eq=eq+1;
Aeq(eq,1)=nchoosek(n,10);%## change nchoosek(n,9) to nchoosek(n,10) Cn 10
beq(eq,1)=allb;%@ allb is the sum of pr with 10 component failed
for j=0:n-11 %## change n-10 to n-11
    Aeq(eq,j*n+2:j*n+n+1)=nchoosek(n-j-1,10);%## change nchoosek(n,9) to
                        nchoosek(n,10) the sum of 10th joint probability=
end
end
end


LB=zeros(n^2-n+2,1);
UB=ones(n^2-n+2,1);
```

参 考 文 献

[1] 陈绍蕃.钢结构设计原理[M].北京:科学出版社,1998.

[2] 王元清.钢结构脆性破坏事故分析[J].工业建筑,1998(05):55-58.

[3] 江泽普.受损钢框架结构的可靠性分析[D].中南林业科技大学,2018.

[4] 李雍友.平面钢框架基于改进随机摄动法的体系可靠度分析[D].广西大学,2018.

[5] 李泽震.化工与通用机械[J].化工与通用机械,1974.

[6] 单瑟聆.什么叫断裂力学[J].理化检验通讯(物理分册),1975(01):49-51.

[7] 孟广喆,霍立兴.低温钢焊接接头断裂韧性的研究[J].天津大学学报,1978(01):1-11,123.

[8] 冯乐,刘雪敏.钢结构节点问题的一点探讨[J].工程经济,2015(02):64-69.

[9] 赵国藩.建筑结构按"计算的极限状态"的计算方法[J].大连工学院学刊,1954(00):5-44.

[10] 夏正中.钢结构可靠度分析[J].冶金建筑,1981(12):43-46.

[11] 曹居易,张宽权.工程结构可靠度理论发展中的几个问题[J].四川建筑科学研究,1983(02):12-18.

[12] 赵国藩.结构可靠度的实用分析方法[J].建筑结构学报,1984(03):1-10.

[13] 赵国藩.结构可靠度分析的抗力统计模式[J].土木工程学报,1985(01):9-15.

[14] 李云贵.结构体系可靠度的近似计算方法[J].北京·中国土木工程学会桥梁及结构工程学会结构可靠度委员会:中国土木工程学会,1989:11.

[15] 贡金鑫.恶劣环境下钢筋混凝土结构的静态和疲劳可靠度[J].北京:中国土木工程学会:中国土木工程学会,2000:4.

[16] 陈龙.基于蒙特卡洛模拟的结构可靠性分析应用[J].中华建设,2016(01):100-101.

[17] 尹洪举,蒋建军,赵录峰,等.结构可靠性分析的通用生成函数法[J].光电技术应用,2017,32(04):68-74.

[18] 王元帅,刘玉石,朱宜生.基于蒙特卡洛法的结构可靠性分析[J].环境技术,2018,36(05):41-45,57.

[19] 张伟.结构可靠性理论与应用[M].北京:科学出版社,2008.

[20] 贡金鑫.工程结构可靠度计算方法[M].大连:大连理工大学出版社,2003.

[21] 张明.结构可靠度分析:方法与程序[M].北京:科学出版社,2009.

[22] 康建志.浅谈工程结构可靠度中计算方法比较[J].科技咨询,2010,11.

[23] 陈志英,周平,郯永样.基于均值一次二阶矩方法的稳健性优化设计[J].推进技术,2018,39(06):1210-1216.

[24] 余建星.工程结构可靠性原理及其优化设计[M].北京:中国建筑工业出版社,2011,12.

[25] 康建志,倪国葳,刘波.浅谈工程结构可靠度中计算方法比较[J].科技资讯,2010(11):36.

[26] 王五星.结构钢断裂试验研究及应力三维度对断裂的影响[D].兰州理工大学,2010.

[27] 李祎.能量释放率对栓焊钢节点的脆断性能的影响[D].兰州理工大学,2011.

[28] 姚国春,霍立兴,张玉凤.焊接钢结构梁柱节点地震下的断裂行为研究[J].钢结构,2000,15(4).

[29] 温杰.钢结构脆性破坏浅析[J].企业技术开发,2011,30(12):142,165.

[30] 李洪,钟谷,覃国景.钢结构脆性破坏之我见[J].企业科技与发展,2011(08):28-29.

[31] YANG L P,LI X ZH. Analysis on building seismic damage in the Wenchuan earthquake[J]. Journal of Building Structures,2008,29(4):1-9.

[32] WANG Z F. A preliminary report on the great wenchuan earthquake[J]. Earthquake Engineering and Engineering Vibration. 2008,7(2):225-234.

[33] HASOFER A M ,LIDN N C. An exact and invariant first order reliability format[J]. journal of engineering mechanics,1974,100(1):111-121.

[34] THOFT P,BAKER M. Structural reliability theory and its Ap-plication[J]. Berlin: Springer-Verlag,1982.

[35] THOFT P,MORUTSU Y. Application of structural systems reliability theory[J]. Berlin: Springer-Verlag,1986.

[36] HENLEY E, KUMAMOTO H. Reliability engineering and risk assessment[J]. Englewood Cliffs: Prentice-Hall,Inc. ,1984.

[37] BENNETT R M. Formulation of structural system reliability[J]. Journal of Engineering Mechanics,ASCE,1987,112(11):1135-1151.

[38] ZIMMERMANN J,ELLIS H. Stochastic optimization models for structuralreliability analysis[J]. Journal of Structural Engineering,ASCE,1993,119(1): 223-239.

[39] DITLEVSEN O,MADSEN H O. Structural reliability methods[J]. New York: John Wiley & Sons. Inc. ,1996.

[40] MELCHERS R E. Structural reliability analysis and prediction[J]. England: John Wiley & Sons. Inc. ,2nd ed. ,1999.

[41] RACKWITZ R. Reliability analysis-a review and some perspectives[J]. Structural Safety,2001,23: 365-395.

[42] KARAMCHANDANI A,CORNELL C A. Reliability analysis of truss structures with multistate elements[J]. Journal of Structural Engineering,ASCE,1992,118(4):910-925.

[43] AVEN T. Reliability evaluation of multi-state systems with multi-state components[J]. IEEE Transactions on Reliability,1985,34:473-479.

[44] AVEN T,JENSEN U. Stochastic models in reliability[J]. New York: Springer,1999.

[45] LISNIANSKI A, LEVITIN G. Multi-state system reliability: assessment, optimiza-tion and applications[J]. London: Singapore: World Scientific,2003.

[46] GU Y K, LI J. Multi-state system reliability: a new and systematic review[J]. Procedia Engineering,2012,29: 531-536.

[47] DUNNETT C W ,SOBEL M. Approximations to the probability integral and certain percentage points of a multivariate analogue of student's t-distribution[J]. Biometrika,1955,42: 258-260.

[48] PANDEY M D. An effective approximation to evaluate multinormal integrals[J]. Structural Safety, 1998,20: 51-67.

[49] RUBINSTEIN R Y. Simulation and the Monte Carlo Method[J]. New York: John Wiley & Sons. Inc. ,1981.

[50] AU S K,BECK J L. A new adaptive importance sampling scheme for reliability calculations[J].

Structural Safety,1999,21:135-158.

[51] MORI Y,KATO T. Multinormal integrals by importance sampling for series system reliability[J]. Structural Safety,2003,25(4):363-378.

[52] HAILPERIN T. Best possible inequalities for the probability of a logical function of events[J]. The American Mathematical Monthly,1965,72(4):343-359.

[53] KOUNIAS S,MARIN J. Best linear bonferroni bounds[J]. SIAM(Society for Industrial and Applied Mathematics) Journal on Applied Mathematics,1976,30(2):307-323.

[54] SONG J,DER KIUREGHIAN A. Bounds on system reliability by linear programming[J]. Journal of Engineering Mechanics,ASCE,2003,129(6): 627-636.

[55] KIUREGHIAN A,SONG J. Bounds on system reliability by linear programming and applications to electrical substations[J]. American Society of Civil Engineers,2003,129(6):627-636.

[56] SONG J. Seismic response and reliability of electrical substation equipment and systems[J]. PhD thesis,University of California,Berkeley,Calif. ,2004.

[57] SONG J,DER KIUREGHIAN A. Component importance measures by linear programming bounds on system reliability[J]. In Proceedings of the 9th International Conference on Structural Safety and Reliability(ICOSSAR9),(Rome,Italy),2005:19-23.

[58] DER KIUREGHIAN A,SONG J. Multi-scale reliability analysis and updating of complex systems by use of linear programming[J]. Reliability Engineering and System Safety,2008,93(2):288-297.

[59] SHINOZUKA M. Basci analysis of structural safety[J]. Journal of Structural Engineering,ASCE, 1983,100(3):721-740.

[60] TALLIS G M. The moment generating function of the truncated multi-normaldistribution[J]. Journal of the Royal Statistical Society: Series B(Statistical Methodology),1961,23:223-229 .

[61] KOTZ S,BALAKRISHNAN N. Continuous multivariate distributions Volume 1 : models and applications[J]. Wiley,2nd ed. ,2000.

[62] YUAN X,PANDEY M D. Analysis of approximations for multinormal integration in system reliability computation[J]. Structural Safety,2006,28:361-367.

[63] DUNNETT C W. A bivariate generalization of student's t-distribution with tables for certain special cases[J]. Biometrika,1954,41:153-169.

[64] ROZOVSKII B,YOR M. Monte Carlo Methods in financial engineering[J]. New York: Springer Science and Business Media,Inc. ,2003.

[65] BOOLE G. Laws of thought[M]. New York: Dover, 1854.

[66] KOUNIAS E G. Bounds for the probability of a union,with applications[J]. Annals of Mathematical Statistics,1968,39(6):2154-2158.

[67] HUNTER D. An upper bound for the probability of a union[J]. Journal of Applied Probability, 1976,13:597-603.

[68] DITLEVSEN O. Narrow reliability bounds for structural systems [J]. Journal of Structural Mechanics,1979,7(4):453-472.

[69] DAVID H A. Order Statistics[M]. New York: Wiley,1970.

[70] HOHENBICHLER M,RACHWITZ R. First-order concepts in system reliability[J]. Structural

Safety,1983,1(3):177-188.

[71] ZHANG Y C. High-order reliability bounds for series systems and application to structural systems [J]. Computers and Structures,1993,46(2):381-386.

[72] HILLIER F S,LIEBERMAN G J. Introduction to operations research[M]. Thomas Casson,2001.

[73] COHON J L. Multiobjective programming and planning[M]. New York: Dover Publications,Inc. , dover ed. ,2003.

[74] BERTSIMAS D,TSITSIKLIS J N. Introduction to linear optimization[M]. Belmont,Massachusetts: Athena Scientific,1997.

[75] DANTZIG G B. Application of the simplex method to a transportation problem[J]. New York: John Wiley & Sons,Inc. ,1951:359-373.

[76] NAFDAY A M,COROTIS R B. Failure mode identification for structural frames[J]. Journal of Structural Engineering,ASCE,1987,113(7):1415-1432.

[77] COROTIS R B, NAFDAY A M. Structural system reliability using linear programming and simulation[J]. Journal of Structural Engineering,ASCE,1989,115(10):2435-2447.

[78] PREKOPA A. Boole-bonferroni inequalities and linear programming[J]. OperationsResearch,1988, 36(1):145-162.

[79] SONG J,OK S Y. Multi-scale system reliability analysis of lifeline networks under earthquake hazards[J]. Earthquake Engineering and Structural Dynamics,2010,39:259-279.

[80] JAUMARD B,HANSEN P. Column generation methods for probabilistic logic[J] . ORSA Journal of Computing,1991,3: 135-148.

[81] PAGES A,GONDRAN M. System reliability evaluation and prediction in engiNeering[M]. New York: Springer,1986.

[82] KARAMCHANDANI A,CORNELL C A. Adaptive hybrid conditional expectation approaches for reliability estimation[J]. Structural Safety,1991,11:59-74.

[83] WILF H S. Generating function ology[M]. Academic Press,Inc. ,1989.

[84] USHAKOV I. A universal generating function [J]. Soviet Journal of Computer and Systems Sciences,1986,24: 37-49.

[85] USHAKOV I. Optimal standby problem and a universal generating function[J]. Soviet Journal of Computer and Systems Sciences,1987,25: 61-73.

[86] LEVITIN G. A universal generating function approach for the analysis of multistatesystem[J]. Reliability Engineering and System Safety,2004,84:285-292.

[87] LISNIANSKI A. Extended block method for a multi-state system reliability assessment [J]. Reliability Engineering and System Safety,2007,92:1601-1607.

[88] LEVITIN G. Structure optimization of multi-state system with two failure modes[J]. Reliability Engineering and System Safety,2001,72:75-89.

[89] LEVITIN G. The universal generating function in reliability analysis and optimization[M]. London: Springer,2005.

[90] GRIMMETT G, STIRZAKER D. Probability and random process [M]. Oxford: Clarendon Press,1992.

[91] ROSS S. Introduction to Probability Models[M]. Academic Press,2000.

[92] YI Chang ,MORI Y. Bounds of reliability on parallel system with multi-state brittle components using linear programming and universal generating function[C]//Summaries of Technical Papers of Meeting Architectural Institute of Japan B. Architectural Institute of Japan,2011.

[93] YI Chang,MORI Y . A study on the relaxed linear programming bounds method for system reliability[J]. Structural Safety,2013,41:64-72.

[94] RASHEDI R,MOSES F. Application of linear programming to structural system reliability[J]. Computers and Structures,1986,24(3):375-384.

[95] BROWN R E. Electric power distribution reliability[M]. New York: Marcel Dekker,Inc. ,2002.

[96] OSTROM D. Database of seismic parameters of equipment in substations[J]. Report to pacific earthquake engineering research center,2004.

[97] HIRSCH W M,MEISNER M,BOLL C. Cannibalization in multicomponent systems and theory of reliability[J]. Naval Research Logistics,1968,15(3):331-360.

[98] BILLINTON R. Hybrid approach for reliability evaluation of composite generation and transmission systems using monte-carlo simulation and enumeration technique[J]. IEE proceedings-C Generation, transmission,and distribution,1991,138(3):233-241.

[99] BRUNELLE R D,KAPUR K C. Review and classification of reliability measures for multi-state and continuum models[J]. IIE Transactions,1999,31(12):1171-1180.

[100] CALDAROLAR L. Coherent systems with multi-state elements[J]. Nuclear Engineering and Design,1980,58:127-139.

[101] NATVIG B,STRELLER A. The steady-state behavior of multistate monotone systems[J]. Journal of Applied Probability,1984,21:826-835.

[102] RAMIREZ-MARQUEZ J E,COIT D W. A monte-carlo simulation approach for approximating multi-state two-terminal reliability [J]. Reliability Engineering and System Safety, 2005, 87: 253-264.

[103] ZIO E,MARELLA M,PODOFILLINI L. A monte carlo simulation approach to the availability assessment of multi-state systems with operational dependencies[J]. Reliability Engineering and System Safety,2007,92:871-882.